风力发电职业技能鉴定教材

风力发电机组机械装调工——初级

《风力发电职业技能鉴定教材》编写委员会　组织编写

U0305561

知识产权出版社

全国百佳图书出版单位

图书在版编目（CIP）数据

风力发电机组机械装调工：初级/风力发电职业技能鉴定教材编写委员会组织编写.
—北京：知识产权出版社，2015.12
　　风力发电职业技能鉴定教材
　　ISBN 978-7-5130-3904-8

Ⅰ.①风…　Ⅱ.①风…　Ⅲ.①风力发电机—发电机组—装配（机械）—职业技能—鉴定—教材　②风力发电机—发电机组—调试方法—职业技能—鉴定—教材　Ⅳ.①TM315

中国版本图书馆 CIP 数据核字（2015）第 271332 号

内容提要

本书主要介绍风力发电机组的机舱、叶轮和发电机主要零部件装配的基础知识。主要内容包括：机械装配的基础知识、识读机械零件图装配图，以及装配工艺规程等技术文件、风力发电机组机舱的装配、轮毂变桨控制系统的装配与调整、传动链的装配与调整、联轴器制动器液压站的安装与调整、发电机系统的安装与调整、齿轮箱的安装与调整、偏航系统的安装与调整、加热冷却系统的安装与检查等知识。本书内容涉列双馈和直驱风力发电机组，文字通俗易懂，图文并茂，方便实用。

本书的特点是遵循国际和国家标准，结合相关风机制造商的生产经验，采用现代技术和方法，坚持理论与工程实际相结合，体现风力发电机组制造和装配的系统性和完整性，突出了典型机型的重点结构。

本书可作为风力发电机组机械装调工培训教材使用，也可供有关科研和工程技术人员参考。

策划编辑：刘晓庆

责任编辑：刘晓庆　于晓菲　　　　　　　　　　**责任出版：**孙婷婷

风力发电职业技能鉴定教材
风力发电机组机械装调工——初级
FENGLI FADIAN JIZU JIXIE ZHUANGTIAOGONG——CHUJI

《风力发电职业技能鉴定教材》编写委员会　组织编写

出版发行	**知识产权出版社** 有限责任公司	网　　址：http://www.ipph.cn	
电　　话：010-82004826		http://www.laichushu.com	
社　　址：北京市海淀区马甸南村 1 号		邮　　编：100088	
责编电话：010-82000860 转 8363		责编邮箱：yuxiaofei@cnipr.com	
发行电话：010-82000860 转 8101/8029		发行传真：010-82000893/82003279	
印　　刷：北京嘉恒彩色印刷有限责任公司		经　　销：各大网上书店、新华书店及相关专业书店	
开　　本：787mm×1000mm　1/16		印　　张：12.75	
版　　次：2015 年 12 月第 1 版		印　　次：2015 年 12 月第 1 次印刷	
字　　数：195 千字		定　　价：30.00 元	

ISBN 978-7-5130-3904-8

《风力发电职业技能鉴定教材》编写委员会

委员会名单

主　任　武　钢

副主任　郭振岩　方晓燕　李　飞　卢琛钰

委　员　郭丽平　果　岩　庄建新　宁巧珍　王　瑞

　　　　潘振云　王　旭　乔　鑫　李永生　于晓飞

　　　　王大伟　孙　伟　程　伟　范瑞建　肖明明

本书编写委员　王　旭　乔　鑫　潘振云

序　言

近年来，我国风力发电产业发展迅速。自 2010 年年底至今，风力发电总装机容量连续 5 年位居世界第一，风力发电机组关键技术日趋成熟，风力发电整机制造企业已基本掌握兆瓦级风力发电机组关键技术，形成了覆盖风力发电场勘测、设计、施工、安装、运行、维护、管理，以及风力发电机组研发、制造等方面的全产业链条。目前，风力发电机组研发专业人员、高级管理人员、制造专业人员和高级技工等人才储备不足，尚未能满足我国风力发电产业发展的需求。

对此，中国电器工业协会委托下属风力发电电器设备分会开展了技术创新、质量提升、标准研究、职业培训等方面工作。其中，对于风力发电机组制造工专业人员的培养和鉴定方面，开展了如下工作：

2012 年 8 月起，中国电器工业协会风力发电电器设备分会组织开展风力发电机组制造工领域职业标准、考评大纲、试题库和培训教材等方面的编制工作。

2012 年年底，中国电器工业协会风力发电电器设备分会组织风力发电行业相关专家，研究并提出了"风力发电机组电气装调工""风力发电机组机械装调工""风力发电机组维修保养工""风力发电机组叶片成型工"共四个风力发电机组制造工职业工种需求，并将其纳入《中华人民共和国职业分类大典（2015 版）》。

2014 年 12 月初，由中国电器工业协会风力发电电器设备分会与金风大学联合承办了"机械行业职业技能鉴定风力发电北京点"，双方联合牵头开展了风力发电机组制造工相关国家职业技能标准的编制工作，并依据标准，组织了本套教材的编制。

希望本教材的出版，能够帮助风力发电制造企业、大专院校等，在培养风力发电机组制造工方面，提供一定的帮助和指导。

中国电器工业协会

前　言

为促进风力发电行业职业技能鉴定点的规范化运作，推动风力发电行业职业培训与职业技能鉴定工作的有效开展，大力培养更多的专业风力发电人才，中国电器工业协会风力发电电器设备分会与金风大学在合作筹建风力发电行业职业技能鉴定点的基础上，共同组织完成了风力发电机组维修保养工、风力发电机组电器装调工和风力发电机组机械装调工，三个工种不同级别的风力发电行业职业技能鉴定系列培训教材。

本套教材是以"以职业活动为导向，以职业技能为核心"为指导思想，突出职业培训特色，以鉴定人员能够"易懂、易学、易用"为基本原则，力求通俗易懂、理论联系实际，体现了实用性和可操作性。在结构上，教材针对风力发电行业三个特有职业领域，分为初级、中级和高级三个级别，按照模块化的方式进行编写。《风力发电机组维修保养工》涵盖风力发电机组维修保养中各种维修工具的辨识、使用方法、风机零部件结构、运行原理、故障检查，故障维修，以及安全事项等内容。《风力发电机组电气装调工》涵盖风力发电机电器装配工具辨识、工具使用方法、偏航变桨系统装配、冷却控制系统装配，以及装配注意事项和安全等内容。《风力发电机组机械装调工》涵盖风力发电机组各机械结构部件的辨识与装配，如机舱、轮毂、变桨系统、传动链、联轴器、制动器、液压站、齿轮箱等部件。每本教材的编写涵盖了风力发电行业相关职业标准的基本要求，各职业技能部分的章对应该职业标准中的"职业功能",节对应标准中的"工作内容",节中阐述的内容对应标准中的"技能要求"和"相关知识"。本套教材既注重理论又充分联系实际,应用了大量真实的操作图片及操作流程案例,方便读者直观学习,快速辨识各个部件,掌握风机相关工种的操作流程及操作方法,解决实际工作中的问题。本套教材可作为风力发电行业相关从业人员参加等级培训、职业技能鉴定使用,也可作为有关技术人员自学的参考用书。

本套教材的编写得到了风力发电行业骨干企业金风科技的大力支持。金风科技内部各相关岗位技术专家承担了整体教材的编写工作,金风科技相关技术专家对全书进行了审阅。中国电器协会风力发电电器设备分会的专家对全书组织了集中审稿,并提供了大量的帮助,知识产权出版社策划编辑对书籍编写、组稿给予了极大的支持。借此一隅,向所有为本书的编写、审核、编辑、出版提供帮助与支持的工作人员表示感谢!

《风力发电机组机械装调工——初级》系本套教材中的一本。第一章、第二章和第六章由王旭负责编写;第三章、第七章和第八章由乔鑫负责编写;第四章、第五章和第九章由潘振云负责编写。

由于时间仓促,编写过程中难免有疏漏和不足之处,欢迎广大读者和专家提出宝贵意见和建议。

《风力发电职业技能鉴定教材》编写委员会

目　录

第一章 装配准备

1. 了解装配的概念、组织形式、一般原则和装配的工艺过程。

2. 能够识读装配图样、工艺规程等技术文件。

3. 根据定型机组准备装配所需的零部件和工量具。

第一节 装配的基础知识

一、装配的概念

1. 装配

风力发电机组和任何其他机器一样，都是由若干零件和部件总成组成的。将众多零件和部件总成按照产品设计的技术要求、标准，依据一定的顺序和相互关联关系，结合成一台风力发电机组的工艺过程称为装配。

2. 部件装配

把零件装配成部件的过程称为部件装配。风力发电机组的任意部件总成，如定子总成、轴系总成、齿轮箱、制动器等，都是由许多零件和小部件组成的，把由齿轮、轴、轴承、箱体等零件装配成齿轮箱，或把定子、定子主轴、轴承、转动轴、转子、端盖等（机座、端盖、转子、定子等）装配成发电机的这类装配过程称为部件装配。风力发电机组的齿轮箱、发电机（双馈异步电机）、定子总成（永磁直驱）、偏航减速器、偏航电机、制动器、液压站、润滑站等部件一般采用由专业生产厂商装配生产、主机厂以外购件的方式订货采购。

3. 总装配

把零件和部件装配成最终产品的过程称为总装配。对于风力发电机组，把机舱总成、叶轮总成、发电机总成、叶片、塔架等部件总成和零件按一定的技术要求、工艺顺序组合成一台完整的风力发电机组的工艺过程称为风力发电机组总装配。这个过程是风力发电机组主机厂最主要的生产过程。实际上，由于风力发电机组结构的特殊性，主机厂的风力发电机组总装配不可能将尺寸巨大的叶片和塔架等在生产车间全部装配在一起，而必须在风力发电机现场才完成最终装配，这是不同于一般机电产品（如机床、汽车等）的特点。

二、装配操作

装配是由大量成功的操作来完成的。这些操作又可以分为主要操作和次要操作。主要操作可以直接产生产品的附加值，而除主要操作以外的其他操作则属于次要操作，它们对于产品的装配也是不可缺少的。主要操作和次要操作的区别在于装配中的目的和作用不同。

主要操作包括安装、连接、调整、检验和测试等。

次要操作包括储藏、运输、清洗、包装等。

三、装配工作组织形式

装配组织的形式随着生产类型和产品复杂程序的不同而不同，可分为以下四类。

1. 单件生产的装配

单个地制造不同结构的产品，并很少重复，甚至完全不重复，这种生产方式称为单件生产。单件生产的产品数量很少，一般只有几台甚至一两台，装配对象多固定在一个位置，由一个工人或一组工人，从开始到结束完成全部的装配工作。这种方法生产率低，装配周期长，工艺设备利用率低，占地面积大，要求装配工人的技术素质高。

2. 大量生产的装配

产品制造数量很庞大，生产规模很大，每个工作地点经常重复地完成某一工序，并具有严格的节奏，这种生产方式称为大量生产。在大量生产中，把产品装配过程划分为部件、组件装配，使某一工序只由一个或一组工人来完成。同时，只有当从事装配工作的全体工人，都按顺序完成了所担负的装配工序以后，才能装配出产品。工作对象（部件或组件）在装配过程中，有顺序地由一个或一组工人转移给另一个或一组工人。这种转移可以是装配对象的移动，也可以是工人移动。通常把这种装配组织形式叫做流水装配法。为保证流水线上装配工作的连续性，在装配线所有工位上，完成某一工序的时间都应相等或互成倍数。在大量生产（流水线生产）中，由于广泛采用互换性原则，并使装配工作工序化，因此装配质量好、效率高、生产周期短、占用生产面积小，是一种先进的装配组织形式。

3. 成批生产的装配

在一定的时期内，成批地制造相同的产品，这种生产方式称为成批生产。在成批生产时，装配工作通常分为部件装配和总装配。每个部件由一个或一组工人来完成，然后进行总装配。产品产量介于上述两者之间，可采用类似大量生产的生产组织形式进行流水生产。由于风机部件尺寸大、重量重，不易采用在输送带上移动式的装配方法，但可采用在固定地点进行装配，称为固定式装配。生产定型风力发电机组时较多采用此装配形式。

目前，按照工件的年产量划分生产类型，尚无十分严格的标准，在划分时可参考表1-1和表1-2。

表1-1　生产类型划分参考表

生产类型		零件的年产量/件		
		重型零件	中型零件	轻型零件
单件生产		<5	<10	<100
成批生产	小批	5~100	10~200	100~500
	中批	100~300	200~500	500~5000
	大批	300~1000	500~5000	5000~50000
大量生产		>1000	>5000	>50000

表 1-2　各种生产类型特征的简介

特征	生产类型		
	单件生产	成批生产	大量生产
产品数量	产品或工件的数量少，品种多，生产不一定重复	产品或工件的数量中等，品种不多，周期地成批生产	产品或工件的数量多，品种单一，长期连续生产固定产品
设备加工对象	经常变换	周期性变换	固定不变
所用设备	通用的（万能的）	通用的和部分专用的	广泛使用高效率专用设备
工艺装备	很少用	一般使用	广泛使用高效率专用设备
工具与量具	一般工具、通用量具	专用工具与量具	高效率专用工具与量具
零件互换性	很少用完全互换，用钳工试配	普遍应用完全互换，有时有些试配	完全互换
设备布局	按设备类型及尺寸布置成机群式	基本上按工件制造流程布置	调整工作要求技术熟练，操作工技术要求不高
对工人技术要求	需要技术熟练工人	需要一定技术熟练程度工人	调整工作要求技术熟练，操作工技术要求不高
工艺规程	简单	比较详细	详细编写

由表 1-1 和表 1-2 可见，在不同的生产类型情况下的加工方案，包括所使用的设备、工夹量具、原材料等各方面都有很大的不同。当产品固定、产量很大时，应该采用各种高生产率的专用设备和夹具，能提高劳动生产率，也能降低成本。但在产量较小时，若用专用设备，则由于调整设备的时间长，设备利用率低，平均的单件折旧费用高，成本反而增加，所以一般常用通用设备。由此说明，生产类型的不同对工件的工艺过程及设备的选用有很大影响。

4. 现场装配

现场装配共有两种。第一种为在现场进行部分制造、调整和装配。这里，有些零部件是现成的，而有些零部件则需要在现场根据具体的现场尺寸要求进行制造，然后才可以进行现场装配。第二种为与其他现场设备有直接关系的零部件必须在工作现场进行装配。

四、装配时必须考虑的因素

将风力发电机组零部件按设计要求进行装配时，必须考虑以下一些因素，以保证制定合理的装配工艺。

（1）尺寸。零部件有大件与小件之分，小件在装配时可以很方便地予以安装，而大件在装配时则需要使用专用的起吊设备。

（2）运动。在安装中，会遇到以下两种情况：一是所有零件或几乎所有零件都是静止的；二是有不少零件是运动的。

（3）精度。有的安装需要高精度，而有些安装则对精度的要求不是很严格。

（4）可操作性。有些零部件需要安装在很难装配的地方，而有的零部件则很容易安装。

（5）零部件的数量。有些产品是由几个零件组成的，有些产品则是由大量的零件组成的。

五、装配的一般原则

为提高装配质量，必须注意以下几个方面。

（1）仔细阅读装配图和装配说明书，并明确其装配技术要求。

（2）熟悉各零部件在产品中的功能。

（3）如果没有装配说明书，则在装配前应当考虑好装配的顺序。

（4）装配的零部件和装配工具都必须在装配前进行认真的清洁。

（5）必须采取适当的措施，防止脏物或异物进入正在装配的产品内。

（6）装配时，必须使用符合要求的紧固件进行紧固。

（7）拧紧螺栓、螺钉等紧固件时，必须根据产品装配要求使用合适的装配工具。

（8）如果零部件需要安装在规定的位置上，那就必须在零件上做记号。且安装时，还必须根据标记进行装配。

（9）在装配过程中，应当及时进行检查或测量。其内容包括位置是否正确、间隙是否符合规格中的要求、同轴度是否符合设计要求、尺寸是否符合设计要求、产品的功能是否符合设计人员和客户的要求等。

六、装配的工艺过程

产品的装配工艺包括以下四个过程。

1. 准备工作

准备工作应当在正式装配之前完成。准备工作包括装配图样、工艺规程等技术文件的阅读和装配工具与设备的准备等。充分的准备可以避免装配时出错，缩短装配时间，有利于提高装配的质量和效率。

准备工作包括以下几个步骤。

（1）熟悉风力发电机组产品部件装配图、工艺文件和技术要求，了解产品的结构、零件的作用以及相互连接关系。

（2）检查装配用的资料与零件是否齐全。

（3）确定正确的装配方法和顺序。

（4）准备装配所需要的设备与工具。

（5）整理装配的工作场地，对装配的零件、工具进行清洁，去掉零件上的毛刺、铁锈、切屑、油污，归类并放置好装配用零部件，调整好装配平台基准。

（6）采取安全措施。

2. 装配工作

在装配准备工作完成之后，才开始进行正式装配。结构复杂的风力发电机组，其装配工作一般分为部件装配和总装配。

（1）部件装配。它是指产品在进入总装配以前的装配工作。凡是将两个以上的零件组合在一起或将零件与几个组件组合在一起，成为一个装配单元的工作，均称为部件装配。

（2）总装配。它是指将零件和部件装配成最终产品的过程。在装配工作中需要注意的是，一定要先检查零件的尺寸是否符合图样的尺寸精度要求。只有合格的零件，才能运用连接、校准、防松等技术进行装配。

3. 调整、精度检验和试车

（1）调整工作是指调节零件或机构的相互位置、配合间隙、结合间隙、结合程度等，目的是使机构或机器工作协调，如轴承间隙、定转子径向间隙、定子与定子主轴的同轴度的调整。

（2）精度检验包括几何精度和工作精度检验等，以保证满足设计要求或产品说明书的要求。

（3）试车是试验机构或机器运转的灵活性、振动、工作温升、噪声、转速、功率等性能是否符合要求。

4. 喷漆、涂油、装箱

机械装配好之后，为了使其美观、防锈和便于运输，还要做好喷漆、涂油和装箱工作。

七、组装

1. 一般要求

（1）进入装配的零件及部件（包括外购件、外协件）均应具有检验部门的合格证，方能进行装配。

（2）在装配前，应当对零件进行清理并将其清洗干净。不得有毛刺、翻边、氧化皮、锈蚀、切屑、油污、着色剂和灰尘等。

（3）装配前，应对零部件的主要配合尺寸，特别是过盈配合尺寸及相关精度进行复查。经钳工修整的配合尺寸，应由检验部门复检，合格后方可装配。此外还应将复查报告存入该风力发电机组档案。

（4）除有特殊规定外，装配前应将零件尖角和锐边倒钝。

（5）装配过程中零件不允许磕伤、碰伤、划伤和锈蚀。

（6）油漆未干的零件不得进行装配。

（7）对第一装配工序，都要有装配记录，并将其存入风力发电机组档案。

（8）零部件的各润滑处装配后应按装配规范要求注入润滑油（或润滑脂）。

2. 装配连接要求

（1）螺钉、螺栓连接。

①螺钉、螺栓和螺母紧固时，严禁使用不合格的旋具和扳手。紧固后，螺钉槽、螺母和螺钉、螺栓头部不得有损坏。

②螺纹装配工具可分为手动和机动两种。手动工具除一般常用的扳手和螺钉旋具外，还有各种专用的扳手等。机动工具有电动扳手、液压扳手和气动扳手。机动工具能提高劳动生产率和降低劳动强度，对大型螺栓来说，其意义更大。

③有规定拧紧力矩要求的紧固件，应采用力矩扳手并按规定的力矩值拧紧，也可采用力矩拉伸器进行双头螺柱的紧固；未规定拧紧力矩值的紧固件在装配时也要严格控制，其拧紧力矩值可参考 GB/T 19568—2004 附录 A。

④同一零件用多个螺钉或螺栓连接时，各螺钉或螺栓应交叉、对称、逐步、均匀拧紧。宜分两次拧紧，第一次先预拧紧，第二次再完全拧紧。这样可保证连接时受力均匀。如有定位销，应从定位销开始拧紧。这样，有利于保证螺纹间均匀接触，贴合良好，螺栓间承载一致，应按图 1-1 所示的顺序进行操作。

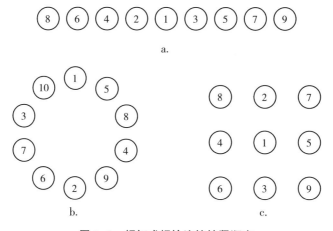

图 1-1　螺钉或螺栓连接拧紧顺序

a 图是按矩形布置的成组螺栓，拧紧的顺序是先从中央开始，逐步向两边对称地扩展进行。

b 图是圆形布置的成组螺栓，其拧紧顺序应按径向对称交叉。

c 图是按方形布置的成组螺栓必须对称地拧紧。

⑤螺钉、螺栓和螺母拧紧后，其支撑面应与被紧固零件贴合，并以黄色油漆标识。对接触面和接触间隙有特殊要求时，应按规定进行检验。

⑥螺母拧紧后，螺栓头部应露出 2~3 个螺距。

⑦沉头螺钉紧固后，沉头应埋入机件内，不得高出沉孔端面；紧固后螺钉

槽、螺母和螺栓头部不应损坏。

⑧严格按图样和技术文件规定等级的紧固件装配，不允许用低等级紧固件代替高等级的紧固件进行装配。

⑨为了防止螺栓受振动松脱，螺纹连接必须有合适的锁定措施，通常非高强度螺栓用涂抹厌氧防松胶或采用自锁螺母的方法，防松效果较好，而大六角头高强度螺栓则依靠摩擦防松。

⑩有锁紧要求的螺栓，拧紧后应按其规定进行锁紧；用双头螺母锁紧时，应先装薄螺母后装厚螺母；每个螺母下面不允许用两个相同的垫圈。

⑪不锈钢、铜、铝等材质的螺栓装配时，应在螺纹部分涂抹防咬合剂。

⑫螺钉、螺栓安装时的基本要求：

· 螺母应能用手轻轻地旋入。

· 螺纹的表面必须光滑。

· 螺栓数量多时，应按一定顺序来拧紧，并应分次逐步拧紧，即先把所有的螺母按顺序全部拧紧到要求的力矩值。

⑬高强度螺栓的装配，应符合下列要求：

· 高强度螺栓在装配前，应按设计要求检查和处理被连接件的结合面；装配时，结合面应保持干燥，严禁在雨中装配。

· 精制螺栓和高强度螺栓装配前，应按设计要求检验螺纹孔直径的尺寸和加工精度。

· 禁止用高强度螺栓兼做临时螺栓。

· 安装高强度螺栓时，不得强行穿入螺纹孔。当不能自由穿入时，该孔应用铰刀修整，修整前应将四周螺栓全部拧紧。修正后孔的最大直径应小于螺栓直径的 5/6 倍。

· 组装螺栓连接副时，垫圈有倒角的一侧应朝向螺母支撑面。

· 高强度螺栓的初拧、复拧和终拧应在同一天内完成。

· 螺栓防松标记要求，高强度螺栓应优先标记在螺母上，其次标记在螺栓六角头面上。

（2）常用的防松方法有三种：摩擦防松、机械防松和永久防松。

机械防松和摩擦防松称为可拆卸防松，而永久防松称为不可拆卸防松。常用的永久防松有点焊、铆接、粘合等。这种方法在拆卸时大多要破坏螺纹紧固件，无法重复使用。常见摩擦防松有利用垫片、自锁螺母及双螺母等。常见的机械防松方法有利用开口销、止动垫片及串钢丝绳等。机械防松的方法比较可靠，对于重要的连接要使用机械防松的方法。

下面分别介绍防松的三种方法。

①摩擦防松。

·弹簧垫片防松。弹簧垫圈材料为弹簧钢，装配后垫圈被压平，其反弹力能使螺纹间保持压紧力和摩擦力，从而实现防松。

·对顶螺母（双螺母）防松。利用螺母对顶作用使螺栓在旋合而螺母受压，构成螺纹连接副纵向压紧。多用于低速重载或载荷平衡的场合。

·自锁螺母防松。螺母一端制成非圆形收口或开缝后径向收口。当螺母拧紧后，收口胀开，利用收口的弹力使旋合螺纹间压紧。这种防松结构简单、防松可靠，可多次拆装而不降低防松性能。

·弹性圈螺母防松。螺纹旋入处嵌入纤维或尼龙来增加摩擦力。该弹性圈还起防止液体泄漏的作用。

②机械防松。

·槽形螺母和开口销（图1-2）防松。槽形螺母拧紧后，用开口销穿过螺栓尾部小孔和螺母的槽，也可以用普通螺母拧紧后进行配钻销孔。不适用于双头螺柱和高强度紧固件的连接。

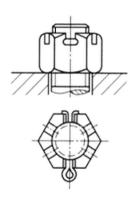

图1-2　用开口销锁紧防松

·圆螺母和止动垫片。使垫圈内舌嵌入螺栓（轴）的槽内，拧紧螺母后将垫圈外舌之一嵌于螺母的一个槽内，但要求有一定的安装空间。

·止动垫片。螺母拧紧后，将单耳或双耳止动垫圈分别向螺母和被连接件的侧面折弯贴紧，实现防松。如果两个螺栓需要双联锁紧时，可采用双联止动垫片。

·串联钢丝防松。用低碳钢钢丝穿入各螺钉头部的孔内，将各螺钉串联起来，使其相互制动。这种结构需要注意钢丝穿入的方向。原则就是：当一个螺栓有松动的趋势，它应该拉动铁丝，使临近的螺栓有旋紧的趋势，见图1-3。

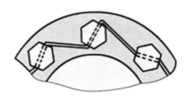

图1-3　串联钢丝防松

③永久防松。

·冲边法防松。螺母紧固后，在螺纹末端冲点破坏螺纹。

·粘合防松。通常采用厌氧胶胶粘剂涂于螺纹旋合表面，拧紧螺母后胶粘剂能够自行固化，防松效果良好。

（3）销连接。

①圆锥销装配时应与孔进行涂色检查，其接触率不应小于配合长度的60%，并应分布均匀。

②定位销的端面应突出零件表面。带螺尾圆锥销装入相关零件后，大端应沉入孔内。

③开口销装入相关零件后，尾部应分开，扩角为60°~90°。

（4）键连接。

①平键装配时，不得配制成梯形。

②平键与轴上键槽两侧面应均匀接触，其配合面不得有间隙。钩头键、楔键装配后，其接触面积应不小于工作面积的70%，且不接触面不得集中于一端。外露部分应为斜面的10%~15%。

③花键装配时，同时接触的齿数应不少于2/3，接触率在键齿的长度和高度

方向应不低于 50%。

④滑动配合的平键（或花键）装配后，相配键应移动自如，不得有松紧不均的现象。

（5）铆钉连接。

①铆接时，不应损坏被铆接零件的表面，也不应使被铆接的零件变形。

②除有特殊要求外，一般铆接后不得出现松动现象。铆钉肩部应与被铆零件紧密接触，并应光滑圆整。

（6）粘合连接。

①胶粘剂牌号应符合设计和工艺要求，并采用有效期限内的产品。

②被粘结的表面应做好预处理，彻底清除油污、水膜、锈迹等杂质。

③粘结时，胶粘剂应涂均匀。固化的温度、压力、时间等应严格按工艺或胶粘剂使用说明书的规定。

④粘结后应清除表面的多余物。

（7）过盈连接。

①压装时，应注意的问题有几下几点。

· 压装所用压入力的计算应按《风力发电机组装配和安装规范》GB/T 19568 附录 B 进行。

· 压装的轴或套允许有引入端，其导向锥角为 10°～20°，导锥长度应不大于配合长度的 5%。

· 实心轴压入不通孔时，允许开排气槽，槽深应不大于 0.5 mm。

· 压入件表面除特殊要求外，压装时应涂清洁的润滑剂。

· 采用压力机压装时，压力机的压力一般为所需压入力的 3～3.5 倍，且压装过程中压力变化应平稳。

②热装时应注意的问题有以下几点。

· 热装的加热方法可参考《风力发电机组装配和安装规范》GB/T 19568 附录 C 选取。

· 热装零件的加热温度根据零件材质、结合直径、过盈量及热装的最小间隙等确定，确定方法按《风力发电机组装配和安装规范》GB/T 19568 附录 D 要求。

· 油加热零件的加热温度应比所用油的闪点低 20～30 ℃。

· 热装后零件应自然冷却，不允许快速冷却。

· 零件热装后应紧靠轴肩或其他相关定位面，冷却后的间隙不得大于配合长度尺寸的 0.3/1000。

③冷装时，应注意的问题有以下几点。

· 冷装时的常用冷却方法可参考《风力发电机组装配和安装规范》GB/T 19568 附录 C 选取。

· 冷装时零件的冷却温度及时间的确定方法可参考《风力发电机组装配和安装规范》GB/T 19568 附录 E。

· 冷却零件取出后应立即装包容件。对零件表面有厚霜者，不得装配，应重新冷却。

④胀套连接时应注意的问题有以下几点。

· 胀套表面的结合面应干净无污染、无腐蚀、无损伤。装前均匀涂一层不含 MoS_2 等添加剂的润滑油。

· 胀套螺栓应使用力矩扳手，并对称、交叉、均匀拧紧。

· 螺栓的拧紧力矩 T_a 值按设计图样或工艺规定，也可参考《风力发电机组装配和安装规范》GB/T 19568 附录 A 并按下列步骤进行：

a. 以 $1/3 T_a$ 拧紧。

b. 以 $1/2 T_a$ 拧紧。

c. 以 T_a 值拧紧。

d. 以 T_a 值检查全部螺栓。

第二节　图纸、文件的准备

为了使风力发电机的装配工作得以顺利进行，在装配前必须深入分析零件图、部件装配图、总装图。这样，不仅有助于了解风力发电机的结构特点和工作性能，还有助于了解机组中各零件的作用和它们之间的相互关系、配合要求及连接方式；熟悉装配工艺规程、零部件配置清单、生产辅料清单、工器具清单、工时定额、检验单等技术文件；明确装配基准、装配方法、装配顺序、装配所需零部件、标准件、专用件、生产辅料、工时定额，以及装配所需的工装、设备、工具、量具、夹具等。

一、识读零件图

识读零件图一般应包括以下几项内容，见图1-4。

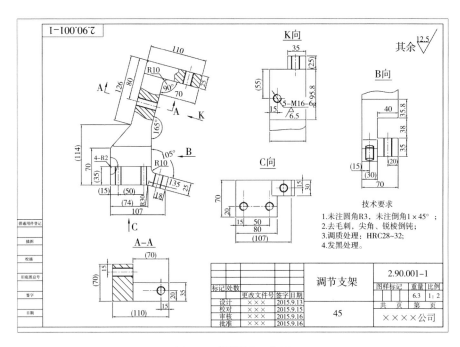

图1-4 零件图示意图

1. 识读零件图的要求

（1）了解零件图的名称、材料和用途。

（2）读懂组成零件各部分的结构形状和它们之间的相对位置。

（3）能基本理解图上的尺寸注法，了解零件的技术要求和制造方法。

2. 识读零件图的步骤

（1）看标题栏。了解零件的名称、材料、绘图比例、数量等内容。

（2）进行表达方案的分析。找出主视图，分析各视图之间的投影关系及所采用的表达方法。

（3）分析投影。想象零件的结构形状。

投影图看图步骤如下。

①先看主要部分，后看次要部分。

②先看整体，后看细节。

③先看容易看懂部分，后看难懂部分。

④按投影对应关系分析形体时，要兼顾零件的尺寸及其功用，以便帮助想象零件的形状。

（4）分析尺寸和技术要求。首先找到长、宽、高三个方向的尺寸基准，然后找出主要尺寸。

3. 识读零件图的技术要求

（1）了解尺寸公差和表面形状及位置公差。

（2）了解标注的表面粗糙度。

（3）了解材料及其热处理等。

4. 典型零件常用表达方法

（1）轴套类。基本视图加上一系列直径尺寸表达主要结构，大端在左，局部结构用移出断面图、局部视图、局部放大图等表达。

（2）盘盖类。一般用两个基本视图（轴线水平），剖视图表达孔和毂，视图表达外形及发射状的孔和肋。

（3）叉架类。主视图常用基本视图加局部剖，其余视图常用剖视图、局部视图、斜视图、移出断面图等。

（4）箱体类。常用三个及以上基本视图表达，每个视图一般均要进行剖切。其余视图常用局部视图、斜视图、断面图。

二、识读装配图

识读装配图一般应包括以下几项内容，见图1-5。

1. 识读装配图的基本要求

（1）了解风机总成或部件的名称、规格、性能、用途及工作原理。

（2）了解各组成零部件的相互位置、装配关系、连接方式、传动路线和技术要求等。

（3）了解各组成零部件的主要结构形状和在装配体中的作用。

2. 识读装配图的方法和步骤

（1）概括了解。

①了解标题栏。从标题栏可了解到装配体的名称、代号、比例等。

②了解明细栏。从明细栏可了解到风机（或部件）的详细目录，它与图上的序号对应，用来说明风机（或部件）的组成部分的零件序号、代号、名称、数量、材料、质量、备注等，结合对全图的浏览，初步认识风机或部件的大致用途和大体装配情况。对于复杂部件可通过说明书或参考资料了解部件的构造、工作原理和用途。

③初步看视图，分析表达方法和各视图间的关系，弄清各视图的表达重点。

（2）了解工作原理和装配关系，是看装配图的一个重要环节。分析各装配干线，弄清零件间的相互配合、定位、连接方式、润滑、密封等问题。然后，再进一步搞清楚运动零件与非运动零件的相对运动关系。

（3）分析视图、看懂零件的结构形状。分析视图，了解各视图、剖视图、断面图等的投影关系及表达意图。了解各零件的主要作用，有助于看懂零件结构。分析零件结构形状时，首先要按标准件、常用件、简单零件、复杂零件的顺序逐个从各视图中分析出来，然后再从分离出的零件投影中用形体分析法或线面分析法逐个读懂各零件的形状结构。

分析零件时，应从主要视图中的主要零件开始分析，可按"先简单、后复杂"的顺序进行。有些零件在装配图上不一定表达完全清楚，可配合零件图来读装配图。这是读装配图非常重要的方法。

（4）分析尺寸和技术要求。

①分析尺寸。找到装配图中的性能（规格）尺寸、装配尺寸、安装尺寸、总体尺寸和其他重要尺寸。

②技术要求。一般是对装配体提出的装配要求、检验要求和使用要求等。

（5）综合分析识读装配图。看装配图时，结合零件的作用和零件间接装配关系，对装配图和零件图上的尺寸及技术要求等进行全面的了解、分析、归纳总结，形成一个完整的认识，才能准确无误地读懂装配图。

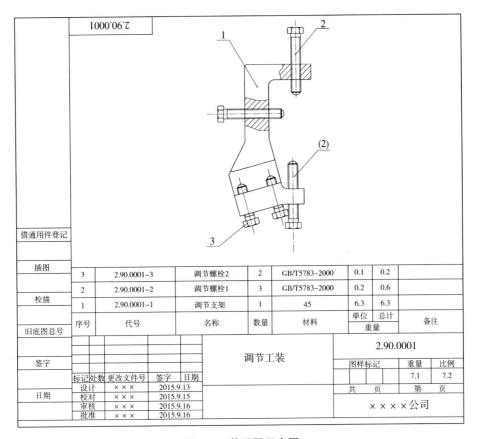

						2.90.0001	

图 1-5　装配图示意图

（以上为表格内容）

借通用件登记

序号	代号	名称	数量	材料	单位	总计	备注
3	2.90.0001-3	调节螺栓2	2	GB/T5783-2000	0.1	0.2	
2	2.90.0001-2	调节螺栓1	3	GB/T5783-2000	0.2	0.6	
1	2.90.0001-1	调节支架	1	45	6.3	6.3	

插图
校描
旧底图总号

| 序号 | 代号 | 名称 | 数量 | 材料 | 单位 重量 | 总计 | 备注 |

签字

调节工装　　2.90.0001

	图样标记	重量	比例
		7.1	7.2

标记处数	更改文件号	签字	日期
设计	×××		2015.9.13
校对	×××		2015.9.15
审核	×××		2015.9.16
批准	×××		2015.9.16

共　　页　　第　　页

××××公司

图 1-5　装配图示意图

3. 装配图中的配合

基本尺寸相同，相互结合的孔和轴公差带之间的关系称为配合。

根据机器的设计要求和生产实际的需要，国家标准将配合分为以下三类。

（1）间隙配合。孔的公差带完全在轴的公差带之上，任取其中一对轴和孔相配都成为具有间隙的配合（包括最小间隙为零），见图 1-6。

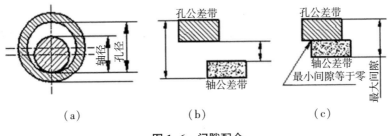

（a）　　　　　　（b）　　　　　　（c）

图 1-6　间隙配合

（2）过盈配合。孔的公差带完全在轴的公差带之下，任取其中一对轴和孔相配都成为具有过盈的配合（包括最小过盈为零），见图1-7。

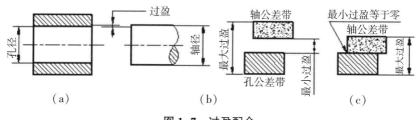

图1-7 过盈配合

（3）过渡配合。孔和轴的公差带相互交叠，任取其中一对孔和轴相配合，可能具有间隙，也可能具有过盈的配合，见图1-8。

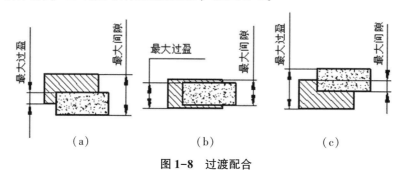

图1-8 过渡配合

有关配合的基准制，国家标准规定了以下两种基准制。

（1）基孔制。基本偏差为一定的孔的公差带，与不同基本偏差的轴的公差带构成各种配合的一种制度称为基孔制。这种制度在同一基本尺寸的配合中，是将孔的公差带位置固定，通过变动轴的公差带位置，得到各种不同的配合，见图1-9。

基孔制的孔称为基准孔。国标规定基准孔的下偏差为零，"H"为基准孔的基本偏差。

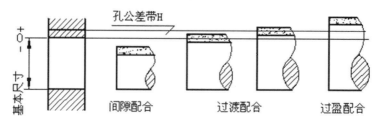

图1-9 基孔制配合

（2）基轴制。基本偏差为一定的轴的公差带与不同基本偏差的孔的公差带构成各种配合的一种制度称为基轴制。这种制度在同一基本尺寸的配合中，是将轴的公差带位置固定，通过变动孔的公差带位置，得到各种不同的配合，见图1-10。

基轴制的轴称为基准轴。国家标准规定基准轴的上偏差为零，"h"为基轴制的基本偏差。

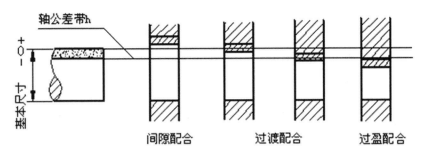

图1-10　基轴制配合

4. 识读装配图的技术要求

（1）装配要求。指导装配时的说明，装配过程中的注意事项，以及装配后应达到的要求。

（2）检验和试验的要求。包括风机或部件基本性能检验、试验方法和技术指标等的说明。

（3）使用要求。对风力发电机组或部件的性能使用环境、工作状态、维护、保养、包装、运输、安装，以及操作、使用注意事项的说明。

（4）其他技术要求。除前几项基本技术要求外，技术要求还应包括对表面的特殊加工及修饰，对表面缺陷的限制、对材料性能的要求，对加工方法、检验和实验方法的具体指标等，其中有些项目可单独写成技术文件。

三、识读装配工艺规程等技术文件

装配工艺规程是规定产品或部件装配工艺规程和操作方法等的工艺文件，是制订装配计划和技术准备、指导装配工作和处理装配工作问题的重要依据。它对保证装配质量、提高装配生产效率、降低生产成本和减轻工人劳动强度等都有重要的作用。

风力发电机组的主机厂通常按叶轮总成、机舱总成、发电机总成三大部件进行装配组合。机组中的齿轮箱、发电机（双馈异步电机）、定子总成（永磁直驱）、偏航减速器、偏航电机、制动器、液压站、润滑站等部件一般采用由专业生产厂商装配生产、主机厂以外购件方式订货采购，所以本节所述的"工艺规程"是针对部件装配和总装配的工艺规程。

操作工若要识读装配工艺规程，需要了解以下几个方面。

1. 装配工艺规程的概念

用文件或图表的形式将装配内容、顺序、操作方法和检验项目等规定下来，作为指导装配工作和组织装配生产依据的技术文件，称为装配工艺规程。

2. 装配工艺规程的作用

（1）组织车间生产的主要技术文件。

（2）生产准备的主要依据。

（3）新建或扩建工厂、车间的基本技术文件。

3. 制定装配工艺规程的原则

（1）保证产品的装配质量，以延长产品的使用寿命。

（2）合理安排装配顺序和工序，尽量减少手动劳动量，满足装配周期的要求，提高装配效率。

（3）尽量减少装配占地面积，提高单位面积的生产率。

（4）尽量降低装配成本。

4. 制定装配工艺规程的原始资料

（1）产品的装配图和验收技术标准。

（2）产品的生产纲领。

（3）生产条件。

5. 制定装配工艺规程的内容及步骤

（1）研究产品图样的完整性、正确性。从产品的总装图、部装图了解产品结构，明确零、部件间的装配关系；分析并审查产品结构的装配工艺性；分析并审核产品的装配精度要求和验收技术条件；研究装配方法；掌握装配中的技术关键并制订相应的装配工艺措施；进行必要的装配尺寸链计算，确保产品装配精度。

①分析产品的结构工艺性。

②审核产品装配的技术要求。

③分析和计算装配尺寸链。

（2）确定装配方法和组织形式。

①装配方法。互换法、选配法、修配法、调整法。

②组织形式。

·固定式。全部装配在一个固定的地点完成，多用于单件小批量生产。

·移动式。将零部件用输送带按装配顺序从一个地点到下一地点，各装配地点的总和完成产品的全部装配。

（3）划分装配单元、确定装配顺序。将产品划分为套件、组件及部件等装配单元是制定装配工艺规程最重要的一个步骤，这对于大批量复杂的机器尤为重要。将产品划分成装配单元时，应便于装合和拆开；应选择如各单元件的基件，并明确装配顺序和相互关系；尽可能减小进入总装的单独零件，缩短总装配周期。

在装配工艺规程制定过程中，表明产品零、部件间相互装配关系及装配流程的示意图称为装配系统图。

（4）选择装配基准。无论哪一级的装配单元，都需要选定某一零件或比它低一级的装配单元作装配基准件。选择时应遵循以下原则。

①尽量选择产品基体或主干零件为装配基准件，以利于保证产品装配精度。

②装配基准件应有较大的体积和重量，有足够支承面，以满足陆续装入零、部件时的作业要求和稳定性要求。

③装配基准件的补充加工量应尽量小，尽量不再有后续加工工序。

④选择的装配基准件应有利于装配过程的检测、工序间的传递运输和翻身转位等作业。

（5）确定装配顺序。在确定装配顺序时，应遵循以下原则：

①预处理工序先行。零件的清洗、倒角、去毛刺、防锈防腐、涂装、干燥等应先安排。

②先基础后其他。为使产品在装配过程中重心稳定，应先进行基础件的装配。

③先精密后一般、先难后易、先复杂后简单。刚开始装配时基础件内的空间较大，比较好安装、调整和检测，因此较容易保证装配精度。

④前后工序互不影响、互不妨碍。为避免前面工序妨碍后续工序的操作，应按"先里后外、先下后上"的顺序进行装配。应将易破坏装配质量的工序（如需要加压、加热等的装配）安排在前面，以免操作时破坏前工序的装配质量。

⑤将类似工序、同方位工序集中安排。对使用相同工装、设备和具有共同特殊环境的工序应集中安排，以减少装配工装、设备的重复使用及产品的来回搬运。对处于同一方位的装配工序也应尽量集中安排，以防止基准件多次转位和翻转。

⑥电线、油（气）管路同步安装。为防止零部件反复拆装，在机械零件装配的同时，应把需装入内部的各种油（气）管、电线等也装进去。

⑦危险品最后。为安全起见，对易燃、易爆、易碎或有毒物质的安装应尽量放在最后。

（6）划分装配工序。

①确定工序集中和分散。

②划分装配工序，确定工序内容。

③确定工序所需要的设备和工具。

④制定各工序装配操作规范。

⑤制定各工序装配质量要求和检测方法。

⑥确定工序时间定额，平衡各工序节拍。

（7）编制装配工艺文件。

①单件小批量生产时，只绘制装配系统图。装配时，按产品装配和装配系统图工作。

②成批生产时，要制定部件、总装的装配工艺卡，写明工序次序、简要工序内容、设备名称、工夹具编号和名称、工人技术等级和时间定额等项。

③在大批量生产中，不仅要制定装配工艺卡，还要制定装配工序卡，以直接指导工人进行产品装配。

（8）填写装配工艺文件。工艺文件包括各种作业指导书（装联准备、装配工艺规程、调试工艺规程、检验工艺规程）、各种汇总图表（工装明细表、消耗定额表、配套明细表、工艺流程图、工艺过程表）、工艺更改单、专用工艺、通用工艺等。

第三节　零部件、工器具的准备

一、零部件的准备

工艺人员根据不同机型的机组编写对应的工艺文件、工序卡片或作业指导书、装配清单、生产辅料清单等相关装配工艺规程技术文件，为生产装配提供技术支持和保障，车间装配人员则根据工艺文件、工序卡片等技术文件准备每道装配工序所需的零部件、标准件、专用件等，并检查所需物资是否配备齐全。

1. 清理和清洗零部件

（1）清理和清洗零部件的意义。

在装配过程中，必须保证没有杂质留在零件或部件中。否则，就会迅速磨损机器的摩擦表面，严重的会使机器在很短的时间内损坏。由此可见，零件在装配前的清理和清洗工作对提高产品质量、延长其使用寿命有着重要的意义。特别是对于轴承、精密配合件、液压元件、密封件和有特殊清洗要求的零件等更为重要。清理和清洗工作做得不好会使轴承发热和过早失去精度，也会因为污物和毛刺划伤配合表面使相对滑动的工作面出现研伤，甚至发生咬合等严重事故。由于油路堵塞，相互运动的零件之间得不到良好的润滑会使零件磨损加快。

（2）清理和清洗零件的内容。

①装配前，清除零件上的残存物，如型砂、铁锈、切屑、油污及其他污物。

②装配后，清除在装配时产品的金属切屑，如配钻孔、铰孔、攻螺纹等加工的残存切屑。

③部件或机器试车后，洗去由摩擦而产生的金属微粒及其他污物。

（3）清理和清洗零件的方法。

①清除非加工表面的型砂、毛刺，可用錾子、钢丝刷。

②清除铁锈，可用旧锉刀、刮刀和砂布。

③有些零件清理后还须涂漆，如箱体内部、手轮、带轮的中间部分。

④单件和小批量生产中，零件可在洗涤槽内用抹布擦洗或进行冲洗。

⑤成批或大批量生产中，常用洗涤机清洗零件，如用固定式喷嘴来喷洗成批小型零件；利用超声波来清洗精度要求较高的零件，如精密传动的零件、微型轴承、精密轴承等。

（4）常用清洗液。常用清洗液有汽油、煤油、柴油和化学清洗液。

①工业汽油。主要用于清洗油脂、污垢和一般粘附的机械杂质，适用于清洗较精密的零部件。航空汽油用于清洗质量要求高的零件。

②煤油和柴油。其用途与汽油相似，但清洗能力不及汽油，清洗后干燥较慢，但比汽油安全。

③化学清洗液。又称乳化剂清洗液，对油脂、水溶性污垢具有良好的清洗能力。这种清洗液配制简单，稳定耐用，无毒，不易燃，环保安全，如105清洗剂、6501清洗剂、非水溶型——碳氢化合物型不含CFC溶剂型表面除油清洗剂等。

（5）清洗时的注意事项。

①对于橡胶制品，如密封圈等零件，严禁用汽油清洗，以防发胀变形，而应使用酒精或清洗液（与弹性体相容性较差的）进行清洗。

②清洗零件时，可根据不同精度的零件，选用棉纱或泡沫塑料擦拭。滚动轴承不能使用棉纱清洗，防止棉纱头进入轴承内，影响轴承装配质量。

③清洗后的零件，应等零件上的油滴干后，再进行装配，以防污油影响装配质量。同时，清洗后的零件不应放置时间过长（暂不装配的零件应妥善保管），防止脏物和灰尘弄脏零件。

④零件的清洗工作，可分为一次性清洗和二次性清洗。零件在第一次清洗后，应检查配合表面有无碰损和划伤、齿轮的齿部和棱角有无毛刺、螺纹有无损坏。对零件的毛刺和轻微碰损的部位应进行修整。修整时，可用油石、刮刀、砂布、细锉进行去刺修光，但应注意不要损伤零件。经过检查修整后的零件，应再进行二次性清洗。

2. 检查和修补零部件防腐层

（1）装配前，须检查零部件的防腐层（漆膜）是否完好。若有划伤、破损需按国家标准《涂装作业安全规程》GB 6514涂漆工艺安全及其通风净化和油漆厂家不同牌号油漆的施工指导书的要求进行补刷油漆。

风力发电机组常用的油漆有底漆、中间漆（厚浆环氧漆）、面漆、interzinc697、防锈油、冷喷锌等。

①环氧富锌底漆是一种双组份富锌环氧底漆。可形成坚韧耐磨、耐候性优异的漆膜。提供局部机械破损部位的阴极保护。主要用于中等至严重腐蚀环境下的钢材表面。

②厚浆环氧漆是一种双组份聚酰胺加成物固化高固份厚浆环氧漆。其漆膜坚韧，具有良好的湿润性，可低温固化。与底漆配套使用，用于中至严重腐蚀性大气环境，或使用于要求低 VOC 和高的膜厚的场合。

③面漆是一种双份半光丙烯酸聚氨酯面漆，保光性和保色性良好。可作为保护面漆涂在严重污染环境下对油漆耐光和保色性等要求高的钢结构表面。最低固化温度为-10 ℃。

（2）快速修补漆膜的注意事项。

①补漆前，须将凹凸不平的伤痕或是待修补处进行除锈、清洗并晾干。

②根据掉漆范围的大小来确定修补的方法，若漆膜划伤或破损比较严重，需打腻子（原子灰），将深度划伤或小坑用腻子填平，待干燥后再用细砂纸打磨光滑、平顺。

③修补油漆的牌号采用与零部件原油漆相同品牌，要求颜色、漆膜厚度一致。

④作业区域注意通风和安全防范，防止发生安全事故。

⑤补漆时，配戴好劳保用品，注意个人防护。

⑥补漆前，准备好工具，如稀释剂、刷子、盛漆的容器、细砂纸等。

二、工器具及生产辅料的准备

车间装配人员根据工艺文件、工序卡片等技术文件准备每道装配工序所需的工装、工具、量具、工具以及生产辅料等，并检查所需物资是否配备齐全。

装配风力发电机组常用的工器具包括电动冲击扳手、手动扭矩扳手、液压扭矩扳手、液压增力包、液压拉伸器、手用扳手、手电钻、座充式手电钻、台式钻床、磁力钻、钻头、丝锥、板牙架、板牙、角向磨光机、直式磨机、砂轮机、工业吸尘器、空气压缩机、电焊机、无齿切割机、气割割据、弯管机、电动割管器、气动、电动油脂加注泵、手动加脂枪、热风枪、螺旋千斤顶、钢锉、木锤、铁锤、铜棒、橡胶锤、钳子、改锥、铁皮剪刀、錾子、压线钳、卸扣、吊环螺钉等。

设备与工装包括轴承加热设备、电动平车、无动力平车、蓄电池牵引车、蓄电池电瓶叉车、燃油叉车、手动液压升降车、液压升降平台、龙门吊、行车、车床、专用工装等。

下面介绍常用工具及设备。

（一）手动扳手

手动扳手是一种常用的安装与拆卸工具，利用杠杆原理拧转螺栓、螺钉、螺母和其他螺纹紧持螺栓或螺母的开口或套孔固件。使用时，沿螺纹旋转方向在柄部施加外力，就能拧转螺栓或螺母。

1. 手动扳手种类

呆扳手、梅花扳手、两用扳手、套筒扳手、月牙型扳手、内六角扳手、活扳手，见图1-11~图1-17。

图1-11　各类扳手（1）

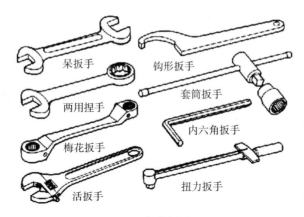

图 1-12　各类扳手（2）

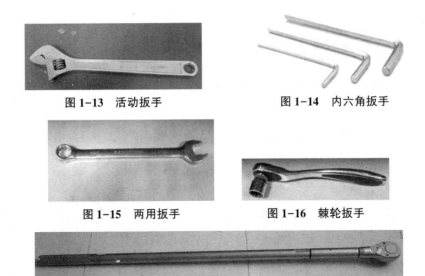

图 1-13　活动扳手　　　　　　图 1-14　内六角扳手

图 1-15　两用扳手　　　　　　图 1-16　棘轮扳手

图 1-17　分体式扭矩扳手

2. 使用说明及注意事项

（1）根据被紧固的紧固件的特点选用相应的扳手。

（2）旋紧，用手握扳手柄末端，顺时针方向用力旋紧；旋松，逆时针方向旋。

（3）各类扳手不可当"榔头"使用，不可用于敲击各类零部件。

（4）手动扳手只是作为紧固件的预紧固，严禁增加力臂对紧固件进行力矩紧固。

（5）手臂尽量垂直于扳手方向，这样比较省力。

（二）扭矩扳手

扭矩扳手也叫扭力扳手或力矩扳手，力矩就是力和距离的乘积，在紧固螺丝、螺栓、螺母等螺纹紧固件时需要控制施加的力矩大小，以保证螺纹紧固且不至于因力矩过大破坏螺纹，所以用扭矩扳手来操作。首先设定好一个需要的扭矩值上限。当施加的扭矩达到设定值时，扳手会发出"卡塔"声响或者扳手连接处折弯一点角度，这就代表已经紧固不要再加力了。扭力扳手适用于对扭矩大小有明确规定的装配。

扭矩扳手分为手动力矩扳手、液压扭矩扳手、电动力矩扳手、气动扭力扳手。

1. 手动力矩扳手

手动力矩扳手的种类有机械音响报警式、数显式、打滑式和指针式（表盘式）。

机械音响报警式，采用杠杆原理，当力矩达到设定力矩时会出现"嘭"一声机械相碰的声音。此后，扳手会成为一个死角，相当于呆扳手，如再用力，会出现过力。

数显式和指针式差不多，都把作用力可视化，现在的数显和指针都是在机械音响报警式扭矩扳手基础上工作的。

打滑式采用过载保护、自动卸力模式。当力矩达到设定力矩时，会自动卸力（同时也会出现机械相碰的声音）。此后，扳手自动复位。如再用力，会再次打滑，不会出现过力现象。

（1）设置扭力。

①首先，必须将凹槽锁环调在"UNLOCK"状态。为此，需单手握住手柄，然后顺时针转动锁环直至末端，见图1-18。

②转动手柄，直至手柄上部的"0"刻度与所设扭力值所对应的中线重合，见图1-19。

图 1-18　打开 UNLOCK　　　　图 1-19　"0" 刻度与所设扭力值中线重合

（2）正确施力方法（图 1-20 和图 1-21）。

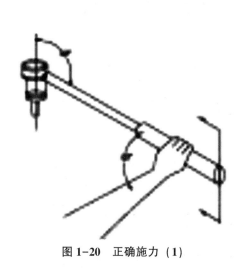

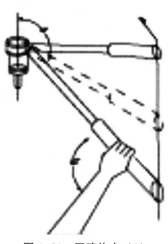

图 1-20　正确施力（1）　　　　图 1-21　正确施力（2）

①将套筒紧密安全地固定于扭力扳手的方榫上，然后将套筒置于紧固件上，不可倾斜。施力时，手紧握住手柄中部，并以垂直扭力扳手、方头、套筒及紧固件所在共同平面的方向用力。

②在均匀增加施力时，必须保持方头、套筒及紧固件在同一平面上，以保证扳手在发出警告声响后读数的准确性。

（3）使用时，注意事项。

①根据需要选择在使用范围内的扭力扳手。

②调整适当扭力前，确认锁紧装置处于"UNLOCK"状态。当锁环处于"LOCK"时，切勿转动手柄。

③使用扭力扳手前，确认锁紧装置处于"LOCK"状态。

④保持正确握紧手柄的姿势，握紧手柄，而不是扳手杆。然后，平稳地拉扳手。使用时，应缓慢平稳地施加扭力，严禁施加冲击扭力。因为施加的冲击扭力会大大超出设定的扭力值，除了对扭力扳手本身造成损害外，还会损害紧固件或工件。

⑤污染物会妨碍得到精确的扭矩值。如果零件或螺孔有污染物，将不可能有正确的扭矩值。

⑥所有的扭矩扳手在使用前都应交由质量部门，送至计量检测机构检验并记入档案，贴合格标签后方可使用，并定期进行校验校准和维护，任何人不得私自拆卸。

2. 液压扭矩扳手

液压扭矩扳手对于大规格的高强度螺栓的安装和拆卸是一种较为重要的工具，而且扭矩非常精准，扭矩重复精度能达到±3%。它常应用于风力发电机组的装配中，见图1-22~图1-25。

（1）液压扭矩扳手的工作原理。液压扭矩扳手是以液压为动力，提供大扭矩输出，它经常用来上紧和拆松大于一英寸的螺栓。液压扭力扳手由工作头、液压泵以及高压油管组成。它通过高压油管、液压泵将动力传输到工作头，驱动工作头旋转螺母拧紧或松开。

（2）液压扭矩扳手的分类。液压扭矩扳手分为驱动式液压扭矩扳手和中空式液压扳手两大系列。驱动式液压扭矩扳手配合标准套筒使用，为通用型液压扳手，适用范围广。中空式液压扳手厚度较薄，特别适用于空间比较狭小的地方。

（3）液压扭矩扳手的使用注意事项。

①尽量使工作现场干净明亮，如工作现场的大气环境存在爆炸的可能，就要停止工作，以免电动泵发出火花引起爆炸。

②反作用力臂，需认真地调整反作用力臂，以免发生人身或紧固件的事故。

③避免工具的误操作，泵的操作遥控器只由操作者使用。

④避免触电，使用前应检查接地，以及其他的接线。

⑤油管不要弯折，经常检查油管，避免有杂物进入。如有损坏，应更换。

⑥液压扳手必须专人使用，专人保管。并应经常对其进行保养，如换油、清洗等。

⑦在工作时应注意，在电压不稳或其他一些不稳定状态下不可用。

⑧使用前，应确保液压连接件连接可靠，油管没有缠绕，方向正确，反作用力臂安装可靠，反作用点牢固可靠，确保人员安全。

图 1-22　液压站

图 1-23　液压扳手

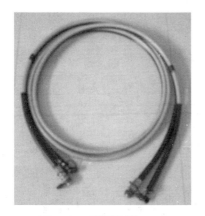

图 1-24　液压油管

图 1-25　液压扳手启动开关

（三）液压拉伸器

液压拉伸器是全球先进的螺栓预紧和拆卸工具，液压螺栓拉伸器因产品操作简单、使用方便、安全性高等优点，被广泛用于大直径螺栓的预紧。实践证明，液压拉伸器对设备的损伤小，连接组件受力均匀，螺栓连接的可靠性高。

1. 液压拉伸器的工作原理

螺栓拉伸方式是利用液压油缸直接对螺栓施加外力，将螺栓拉伸到所需长度，然后用手轻轻将螺母拧紧，使施加的载荷得以保留。由于不受螺栓润滑效果和螺纹摩擦大小的影响，拉伸方式可以得到更为精确的螺栓载荷。此外，拉伸工具还可对多个螺栓进行同步拉伸，使整圈螺栓受力均匀，得到均衡载荷。拉伸方式尤其适用于关键法兰等紧固精度要求较高的接合应用，它能使法兰受力均匀地实现接合，防止泄漏，见图 1-26。

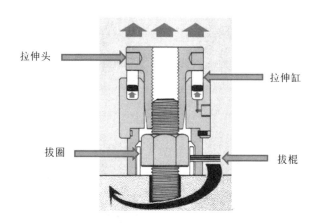

图 1-26　液压拉伸器工作原理图

液压拉伸器安装在螺栓中轴线的位置，用于对螺栓进行轴向拉伸，实现螺栓需要的拉伸量。而正是螺栓的这种拉伸量决定了螺栓紧固所需的夹紧力。螺栓受到拉伸时，螺母会与法兰接触面脱离开来。液压拉伸器下端有一个开口，供操作人员人工转动螺母。通常，螺母的转动是通过一根金属拔棍来拨动六角螺母外的一个拔圈来实现的（或直接拨动圆头螺母）。

卸掉液压拉伸器中的油压后，螺母和接合面紧贴，从而将螺栓的轴向形变锁住，也就是将剩余的螺栓载荷锁在螺母里。液压拉伸器对螺栓施加的载荷与液压缸中的油压成正比关系，这样的设计能够非常精确地留住有效载荷。由于载荷直接施加在螺栓上，且所有作用力都用于螺栓拉长，因此载荷产生所需的空间可以达到最小。由于其拉伸方式不受螺栓润滑效果和螺纹摩擦大小的影响，因此可以得到更为精确的螺栓载荷。

液压拉伸器通常用手动液压泵提供油压。通过液压分配器转换，使用多个液压拉伸器对多个螺栓进行同步拉伸，使整圈螺栓受力均匀，得到均衡的载荷。

液压拉伸器对螺栓进行紧固得到的剩余载荷和有效载荷要比力矩方式更大。其拉伸方式更适用于紧固精度要求较高的接合应用，它能使法兰受力均匀地实现接合，真正地防止泄漏。

2. 液压拉伸器的操作

确保所有部件已安装正确，所有接头锁紧环已拧紧，见图 1-27 和图 1-28。

图 1-27 液压拉伸器紧固双头螺柱（1）

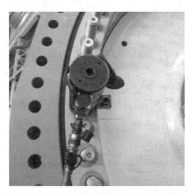

图 1-28 液压拉伸器紧固双头螺柱（2）

（1）确定螺栓的上紧拉力（kN），根据对应拉伸器的压力—拉力操作曲线设定好液压泵的操作压力（bar❶）。高压泵设定压力时连接油管，但千万不要连接拉伸器，否则会造成拉伸器油缸超行程漏油，油缸密封损坏。

（2）将需要上紧的螺栓，用其他工具预紧，以防止安装拉伸器时螺栓跟转。然后检查螺栓是否适合使用拉伸器，即螺栓突出螺母部分的有效长度是否达到1个螺栓直径。例如：M30的螺栓，突出部分须保证有30 mm的有效长度，但也不能过长。若螺杆过长，拉伸器拉到行程极限，泵还未达到规定压力，若还继续升压，拉伸器就会超行程，出现油缸密封切断和拉伸器漏油的情况（若过长的情况，须订购特制拉伸器）。如长度不够，禁止使用拉伸器，因为有可能会拉坏螺栓螺纹以及损坏拉伸器内螺纹。

（3）将拉伸器安装到要上紧的螺栓上，用内四方扳手将拉伸器旋往接触面，直到拉伸器的支撑环完全接触支撑面（允许间隙0.2～0.5 mm）。用扳手顺时针转动红色齿轮块，检查螺母是否已经预紧。同时，仔细观察拉伸器是否充分安装到位。

（4）用油管将拉伸器与泵相连接，顺时针关闭泵停止阀，将压力打到所需压力。操作前，必须确定泵的操作压力，不允许过载操作，以避免螺栓拉断或拉伸器损坏。

（5）泵升至所需压力后，松开启动按钮。用扳手顺时针转动齿轮装置，将螺母旋至支撑面。**注意：**扳手力矩为20 N·m左右，不允许搞错方向，用力矩扳手将螺母旋至接触面即可。若紧固力量太大，可能导致拉伸器内部铝制小齿轮损坏。若方向搞错，就会造成螺母被往上旋到拉伸器内部拉杆底端，压力释放后，拉伸器无法从螺栓上取下来。

（6）逆时针松开泵卸压阀，让油缸自动回位，直到完全回到端盖平面。拔掉油管时，必须观察油缸是否彻底回位。如油缸没有完全回位，把油管从拉伸器上拔下，就会造成拉伸器旋转困难，很难将油管再插到拉伸器上。此时，必须用呆扳手将拉伸器上的快速接头松开，让油缸内的液压油释放掉。油缸全部回位后，再将接头用力旋紧即可。

---

❶ 1 bar＝10^5 Pa。

（7）用内四方扳手将拉伸器从螺栓上卸下，再准备安装对角位置的螺栓。重复以上步骤将全部螺栓上紧（具体安装次序，视不同厂家不同安装工艺而定）。

（8）如有可能，尽量使用两个以上拉伸器同时操作，以确保安装精度和提高安装效率。如单个拉伸器安装，建议最先安装的4~8个螺栓在全部安装完后，再拉伸上紧一遍或两遍（如有必要，全部螺栓须再上紧一遍）。

（9）操作时，观察拉伸器计数器是否计数，以确保拉伸器能及时作保养（拉伸器每超过700 bar左右压力操作时，会自动累计计数）。到了规定次数，拉伸器必须更换相应备件，以避免拉伸器破坏性损坏。

3. 使用液压拉伸器的安全注意事项

（1）配戴防护眼镜。

（2）小心高压。

（3）配戴防护手套。

（4）熟读操作规程操。

（5）洗净皮肤上残余油渍。

（6）注意下列危险多发处。

①高压连接处。

②打压后矫正扳手位置要小心。

③建议单人操作。当两人操作时，应由持扳手人发出指令控制操作。

④切勿在潮湿或易爆炸的环境中使用电动泵。

⑤双手远离各种间隙。

⑥正确使用反作用臂。

⑦切勿超过最大工作压力。

⑧无法确认是电动还是气动泵，进行维护前切断所有电源连接。

⑨切勿轻意碰撞设备或擅自作任何修改。

⑩切勿使用破损管线。

（四）电动冲击扳手

电动冲击扳手是以电源或电池为动力，具有旋转带切向冲击机构的电扳手。工作时对操作者的反作用扭矩小，主要分为冲击扳手、充电式电动扳手。装配风力发电机组时电动冲击扳手主要是初紧螺栓，快速将螺栓旋进连接件，操作方便、省时省力。但电动冲击扳手的精度在±10%以上，精度比较差，风力发电机组对扭矩大小有明确规定的高强度螺栓。紧固力矩时，不建议用电动冲击扳手，一般要采用精度等级较高的扭矩扳手或液压扭矩扳手，见图1-29和图1-30。

图1-29　电动冲击扳手

图1-30　电动冲击扳手

电动冲击扳手使用和操作注意事项。

（1）确认现场所接电源与电动扳手铭牌是否相符，是否接有漏电保护器。

（2）根据螺栓或螺母的规格选择匹配的套筒，并妥善安装。

（3）在送电前，确认电动扳手上开关断开状态。否则插头插入电源插座时电动扳手将出其不意地立刻转动，从而可能招致人员伤害危险。

（4）若作业场所在远离电源的地点，需延伸线缆时，应使用容量足够、安装合格的延伸线缆。延伸线缆如通过人行过道，应高架或做好防止线缆被碾压损坏的措施。

（5）尽可能在使用时找好反向力矩支靠点，以防反作用力伤人。

（6）使用中发现电动机碳火花异常时，应立即停止工作，进行检查处理，排除故障。此外，碳刷必须保持清洁干净。

（7）站在梯子上工作或高处作业应做好高处坠落措施，梯子应有地面人员扶持。

（五）常用工具、设备

1. 电动平车

电动平车又称电动平板车、电平车、台车等，是一种厂内有轨电动运输车辆。此车辆台面平整无厢盖，特殊情况下也可以是非平面但无厢盖。车体无方向盘，只有前进后退方向（即使转弯也是靠轨道转弯）。它的优点是结构简单、使用方便、承载能力大、不怕脏不怕砸、维护容易、使用寿命长，成为企业厂房内部及厂房与厂房之间短距离定点频繁运载重物的首选运输工具。风力发电机组的零部件体积大、重量重、尺寸大，经常使用电动平车进行倒运等，见图1-31。

图1-31　电动平车

（1）电动平车的分类。

①轨道平车。

②拖缆平车。

③蓄电池系列平车。

④转盘换轨平车。

⑤钢渣系列平车。

⑥小车推拉平车。

⑦卷筒供电平车。

（2）电动平车的组成。电动平车由车体、驱动装置（直流牵引机、平车轴装式专用减速器、大小皮带轮）、主动轮对、驱动缓冲器、蓄电器组（2组）、电气控制系统六部分组成，同时还配备喇叭鸣报等辅助功能。

（3）电动平车的维护与保养。

①电平车巡回检查内容。

行走机构。电机、联轴节、减速器（减速齿轮）不松动，运转正常。减速机（减速齿轮）油量充足，油质符合要求，无灰尘杂物。制动器灵敏好用，制动轮接触正确无严重磨损。车轮接触正确，转动良好。

车体部分。车体不变形，车台平整无砸坑，全车整洁。

电气部分。滑线与滑块（电缆）接触良好，移动灵活，线架牢固完好（或蓄电池的电量充足）。电器开关灵敏好用。电铃声音宏亮。各部电器绝缘良好。

其他部分。保养资料齐全、清洁，设备机件完整。

②对蓄电池供电电平车，电量不足时应及时将蓄电池抽出按要求进行充电，并换上备用蓄电池进行工作。蓄电池的更换及充电工作应由专人负责。下班前必须卸掉负荷、切断电源，按照制度进行清扫。

③严禁超规范、超负荷使用设备。装运重物时，必须平稳轻放，保证重量分布均匀，严禁偏重。

④经常检查各部分运转情况，如发现电机、轴承温度升高或异常声音时，应立即停车检查。不得开动电平车去顶、撞、拖、拉铁道上的车辆。前进、后退方向标志明显，与开关逆顺一致。严禁操作者离开或托人代管开动着的设备。

⑤开动设备前必须首先发出信号，查看运动方向无人、无障碍物方可开动，起停平稳，不准碰撞终点挡铁。启动开关不能行走时，应立即检查，防止烧坏电机或导致其他事故。变换运动方向时，必须待运动完全停止后再反向开动。

⑥严格按照设备润滑图表规定进行加油，做到"五定"（定时、定点、定量、定质、定人）。注油后，应将油杯（池）的盖子盖好。

（4）使用电平车的注意事项。

①轨道表面需要保持清洁，严禁堆放杂物，轨道连接处保持光滑。

②操作人员必须接受过相应的安全培训。车辆严禁载人，车辆装卸货物时，操作人员应保持安全距离。

③遥控器的安全距离在 60 m 之内。任何情况下，不要将车辆行驶出该范围。

④除维修和操作人员，一般员工请勿碰触电控箱上的任何部件，不限开关、电压表。

⑤严禁车辆满载高速运行时紧急制动，防止货物倾倒，造成安全事故。

⑥改变车辆运行方向时应待车辆停稳后再进行。

⑦蓄电池电压低于 40 V 时，应及时充电或更换备用蓄电池。

2. 常用工具和设备

常用工具和设备，见图 1-32~图 1-53。

图 1-32　充电式电动扳手

图 1-33　手电钻

图 1-34　热风枪

图 1-35　角向磨光机

图 1-36　直式磨机

图 1-37　工业吸尘器

图 1-38　砂轮机

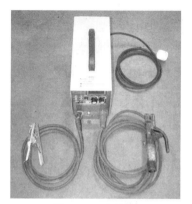

图 1-39　电焊机

图 1-40　空气压缩机

图 1-41　螺旋千斤顶

图 1-42　台式钻床

图 1-43　磁力钻

图 1-44　台虎钳

图 1-45　板牙

图 1-46　丝锥

图 1-47　麻花钻

图 1-48　手动加脂枪

图 1-49　无齿切割机

图 1-50　行车

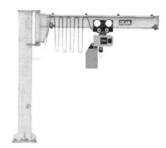

图 1-51　旋臂吊

图 1-52　手动液压升降车

图 1-53　液压升降平台

复习思考题

1. 什么叫机械产品的装配？它分为几类？

2. 装配的工作组织形式分为几类？列举说明。

3. 为什么同一零件用多个紧固件连接时，各螺栓应交叉、对称、逐步、均匀紧固？

4. 装配图中的配合有几种？配合的基准制有几种？列举说明。

5. 简单分析下液压力矩扳手与液压拉伸器的工作原理有什么区别？

第二章　机舱的装配

1. 掌握机舱平台的装配方法。

2. 掌握机舱罩的装配方法。

3. 正确使用吊具、工装。

对于大型风力发电机组，整个设备高达百米以上，重量在数百吨，因此风力发电机组的装配不可能在生产厂全部完成。因整机的运输问题目前尚无解决办法，故风力发电机组的装配是部分部件在生产厂进行装配，部分部件在风力发电场安装时进行现场装配，如基础、塔架、叶片等。

目前在风力发电机组中，两种最有竞争力的结构形式是异步电机双馈式机组和永磁直驱风力发电机组。大容量的机组大多采用这两种结构，下面分别介绍这两种结构的机舱。

以异步电机双馈式机组为例，机舱由底座、机舱罩、导流罩组成。机舱底座布置有叶轮、轴承座、齿轮箱、发电机、偏航系统、液压系统、润滑系统等部件，机舱罩后部的上方安装测风系统，机舱壁上有通风装置、逃生装置、照明装置、小型起重设备（提升机装置）等，底部与塔架相连。

以永磁直驱风力发电机组为例，机舱由底座、平台、偏航系统、液压系统、润滑系统、控制系统、测风系统、提升机装置、通风装置、逃生装置、照明装置、机舱罩等组成，底部与塔架相连。

机舱底座起着定位和承载的作用，为满足底座的强度和刚度，一般采用铸造或焊接成型。

第一节　机舱平台的装配

以一种永磁直驱风力发电机组为例，机舱平台分为三部分，分别是内平台、主平台、上平台。内平台安装在底座内部的平台，布置液压站、润滑站以及动力电缆和滑环电缆护圈、进出发电机的平台门等组件。主平台为安装在底座外机舱罩内的平台，主要作用是支撑固定机舱罩，机组维护时方便操作人员放置、运送维修工具等。上平台安装在底座顶部，主要作用是支撑固定各种控制系统（控制柜、开关柜、滤波器等）及电缆架等，同时方便维护人员安装和维修测风系统。

一、安装机舱平台前的准备工作

（一）底座的放置

准备好放置底座所需的工装吊索具等工艺装备，如机舱运输支架工装、吊具、吊带、卸扣、吊环螺钉等。

按装配工艺规程的要求在底座的起吊固定点安装吊具、吊带、卸扣和吊环螺钉等工装工具（见图 2-1~图 2-4）。**注意：正确选取吊带规格、长度和数量，卸扣和吊环的规格等。**

（1）正确选择吊索具的方法。

①根据被吊物吊装时禁忌哪些方面，来决定使用吊索具类型。

②所选用的吊索具应与被吊物的外形特点及具体要求相适应，在不具备使用条件的情况下，决不能冒险使用。

③当选择吊索具规格时，必须考虑被吊物的尺寸、重量、外形，以及准备采用的吊装方法等影响使用的因素。针对吊索具给出的极限工作力的要求，选择既有足够能力，又能满足使用方式、恰当长度的吊索具。

④假如多个吊索具被同时使用，必须考虑到吊索具的相适应性。

⑤选择吊索具时，要考虑到工作环境温度对承载的影响。

⑥必须慎重考虑吊索具的末端同辅助附件及起重设备相匹配。

（2）正确使用吊索具的方法。

①应熟知各类吊索具及其端部配件的本身性能、使用注意事项、报废标准。

②所选用的吊索具应与被吊工件的外形特点及具体要求相适应。在不具备使用条件的情况下，决不能应付使用。

③作业前，应对吊索具及其配件进行检查，确认完好，方可使用。

④吊挂前，应正确选择索点；提升前，应确认捆绑是否牢固。

⑤吊具及配件不能超过其额定起重量，吊索不得超过其相应吊挂状态下的最大工作载荷。

⑥作业中应防止损坏吊索具及配件，必要时在棱角处应加护角防护。

⑦吊索具在使用期内应坚持定期检查。有条件的，对大吨位及重要产品的吊具及端部配件应进行探伤检验。

⑧如果吊索具标签缺失或模糊，使用者需重新确认吊索具的技术性能，否则不能盲目使用。

⑨需维修的吊索具的部件，应及时修理，否则不能使用。

⑩不能在超出吊索具适应的环境温度下作业。

⑪了解吊装角度、方式与承载的关系。

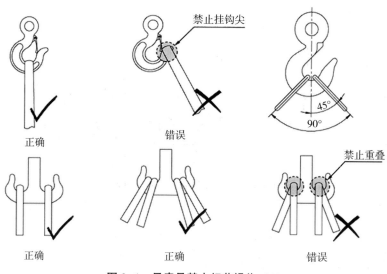

图2-1　吊索具基本规范操作（1）

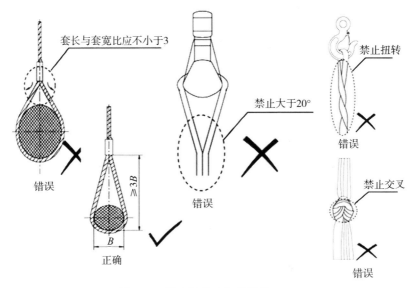

图 2-2　吊索具基本规范操作（2）

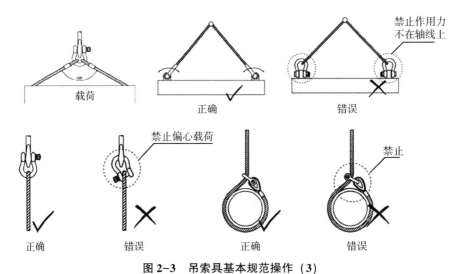

图 2-3　吊索具基本规范操作（3）

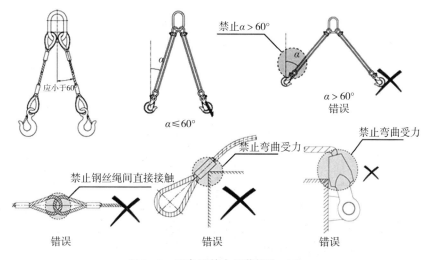

图 2-4 吊索具基本规范操作 （4）

（3）使用吊索具的安全注意事项。

①作业前，应穿戴好安全帽及其他防护用品。

②起重机吊钩的吊点，应与吊物重心在同一条铅垂线上，使吊物处于稳定平衡状态。

③禁止司索或其他人员站在吊物上一同起吊，严禁司索人员停留在吊物下。

④起吊重物时，司索人员应与重物保持一定的安全距离。

⑤应做到经常清理作业现场，保持道路畅通，安全通道畅通无阻。

⑥听从指挥人员的指挥，发现不安全情况时，及时通知指挥人员。

⑦经常保养吊具、吊索，确保使用时安全可靠，延长其使用寿命。

⑧在高空作业时，应严格遵守高空作业的安全要求。

⑨捆绑重物留下的绳头，必须紧绕在吊钩或重物上，防止吊物移动时挂住沿途人员或物件。

（4）按装配工艺规程的要求水平吊运并放置底座，可通过螺栓或导正棒对正安装孔后，用螺栓连接底座与机舱运输工装，并用力矩扳手紧固螺栓，见图 2-5 和图 2-6。

（5）吊运机舱底座的注意事项。

①明确机舱底座上起吊固定点的位置、尺寸。

②了解机舱整机的重量、重心位置。

③工装吊具与机舱底座不允许发生干涉。

④起吊时确保机舱底座水平稳定起吊，可通过调节吊带长短或微调吊索具上的花篮螺杆来调平底座。

图 2-5　底座与运输工装的连接（1）

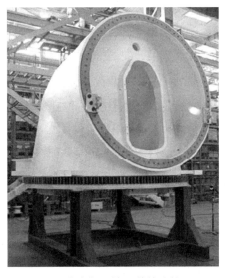

图 2-6　底座与运输工装的连接（2）

（二）准备好检验合格的机舱各平台、连接支架、标准件及外购件等零部件，核对其规格、型号和数量

准备检查合格的机舱各平台、连接支架、标准件及外购件等零部件，并核对其规格、型号和数量。

（三）清洗和清理待装配零部件的装配面和螺纹孔

1. 清理螺纹孔的方法

（1）用丝锥清理螺纹孔。

①过丝。一般是指零部件上有螺纹的孔，若需要清理螺孔或螺纹不合适或受到损伤，需要修复，修复的简单方法就是用丝锥沿原纹路重新通过一次，这个过程叫过丝。

②丝锥。是加工各种中、小尺寸内螺纹的刀具，它结构简单、使用方便，既可手工操作，也可以在机床上工作，在生产中应用得非常广泛。丝锥的种类有手用丝锥、机用丝锥、螺母丝锥、挤压丝锥等。

③过丝处理时，丝锥的选用及使用要求。

过丝前将孔内油脂或异物清除。机用丝锥选用二锥；手用丝锥选用最后一锥（M24 以下的螺纹孔推荐选用二锥，M24 以上的螺纹孔推荐选用三锥）。如果采用电动工具过丝，必须选用带力矩值调整或定力矩的电动工具，以便确定使用时的扭矩值。

如过丝过程中普通的丝锥长度不够，必须选用加长丝锥，不得在普通丝锥上焊接螺栓作为加长丝锥使用。过丝时，必须先用手将丝锥旋入螺纹孔 3～5 扣。找正中心后，再开动电动工具进行过丝。

（2）螺纹清理毛刷清理螺纹孔。

①螺纹清理毛刷。是一种快速、便捷、安全清理和除尘去垢螺纹孔的工具。

②螺纹清理毛刷种类。按材质可分为波纹不锈钢丝和耐磨丝两种。波纹不锈钢材质的刷毛较为硬实，清理中摩擦力大，但形状保持性不佳，刷毛较易缠绕在一起；耐磨丝材质韧性好，因此刷毛的形状保持性好，较为耐用。推荐使用耐磨丝螺纹清理毛刷，见图 2-7。

图 2-7　耐磨丝螺纹清理毛刷

③螺纹清理毛刷的操作细节及注意事项。

清理毛刷可直接使用手电钻或其他工具夹紧毛刷柄部或通过加强杆连接。使用时必须先旋转清理毛刷再将刷毛部分伸入螺纹孔内部，且在清理中要将毛刷绕螺孔圆周方向摆动，并在旋转中沿螺纹孔轴向拉动毛刷，确保螺纹部分全部被刷毛清理。使用清理毛刷后的螺纹孔必须使用压缩空气对螺孔进行吹扫，确保螺孔内清洁、无异物。

对于台阶孔和圆弧过渡部位有防腐漆膜的螺纹孔，建议使用耐磨丝材质毛刷，避免波纹不锈钢丝刷毛在清理时对防腐漆膜表面造成划伤。

为防止扭矩过大造成毛刷长时间使用时与手电钻或其他工具连接的根部折断，可在使用时在毛刷柄部增加加强杆，见图 2-8。

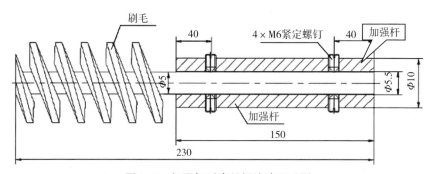

图 2-8　加强杆耐磨丝螺纹清理毛刷

2. 清洗和清理零部件

零部件装配前需进行清洗和清理，确保无毛刺、翻边、氧化皮、锈蚀、切屑、油污、着色剂和灰尘等，具体操作和要求详见本书第一章第三节的内容。

（四）装配前检查零部件的配合尺寸

装配前，应对零部件的主要配合尺寸，特别是对配合尺寸和位置精度，以及焊缝质量、表面粗糙度和防腐等进行复查。经钳工修整的配合尺寸应由检验部门复检，合格后方可装配，并将复查报告存入该机组档案。不符合要求的内平台不允许装配。

（五）装配前准备好工装吊索具等工艺装备

按图样和装配工艺规程的要求准备好工装、吊具、生产辅料、工具、量具等装备。**注意：**应正确选取吊带、卸扣和吊环螺钉，如吊带规格、长度和数量、卸扣和吊环的规格等；正确使用力矩扳手（或液压扭矩扳手）和行车等。

二、机舱平台的装配方法

以一种永磁直驱发电机组为例，介绍机舱平台的装配方法。

1. 内平台的装配要求

（1）内平台主要由前踏板、左右踏板、平台门、把手及限位板等部件组成，见图2-9。

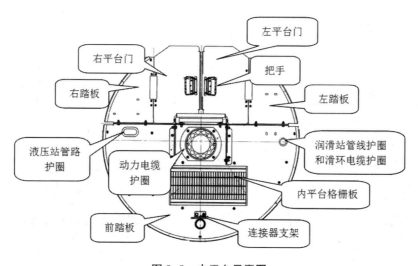

图2-9　内平台示意图

（2）安装内平台前，需用胶水将减振垫粘贴至内平台总成的下端边缘。用机械密封胶将护边粘围在内平台各电缆走线孔。

（3）用指定紧固件将内平台固定在底座内部，并按要求的力矩进行紧固。

（4）安装内平台的附件及支架等。

①用紧固件将动力电缆护圈固定至内平台，按要求的力矩进行紧固。

②安装连接器支架等，并按要求的力矩进行紧固。

③用紧固件将把手固定在平台门上，并按要求的力矩进行紧固。

2. 主平台的装配要求

（1）主平台主要由主平台骨架、左右平板、后平板、主平台门、盖板等部件组成，见图 2-10 和图 2-11。

（2）用吊带将主平台骨架水平吊起，套入底座。用螺栓等紧固件连接主平台骨架与底座，并按要求的力矩进行紧固。

（3）安装踏板防护护边。分别在后平板、左右平板各边缘（紧靠机舱罩侧）安装防护护边，遇见拐角处注意护边的剪口方向。

（4）安装走线孔护边。将护边沿着主平台平板的电缆等走线孔安装。

注意：安装护边时，可用橡胶锤轻敲调整，要求安装牢固、外形美观。

（5）用指定紧固件将左右平板和后平板固定在主平台骨架上，并按要求的力矩进行紧固。

（6）安装盖板。用合页及紧固件连接盖板与平板，并按要求的力矩进行紧固。

（7）安装主平台门。用合页及紧固件连接主平台门与后平板，并按要求的力矩进行紧固。

（8）安装主平台的附件。

①用紧固件将把手固定在主平台门和盖板上，并按要求的力矩进行紧固。

②安装管夹。用紧固件将管夹分别固定在主平台骨架的加强筋上，并按要求的力矩进行紧固。

③安装偏航电机引线管。用紧固件将偏航电机引线管固定在管夹上，并按要求的力矩进行紧固。

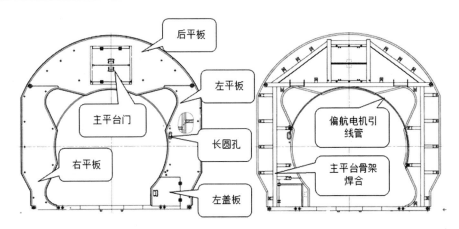

图 2-10 主平台总成 1（左为正面，右为背面）

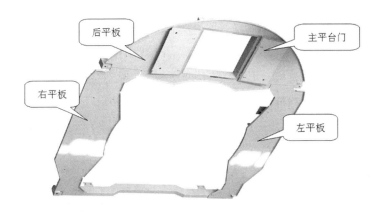

图 2-11 主平台总成 2

3. 上平台的装配要求

（1）上平台主要由上平板、上平板骨架、各支腿、连接板、电缆托板及电缆架、扶手及梯子等部件组成。

（2）安装护边。将护边沿着上平板边沿安装，直角转弯处将护边剪开口（卡簧侧），沿着平板折弯，用橡皮锤轻轻敲击。

（3）用紧固件将上平板固定在上平板骨架焊合上，并按要求的力矩进行紧固。

（4）安装各支腿。用工装将上平台骨架支撑起来，避开支腿的连接位置。用紧固件将上平台骨架与各支腿连接，并按要求的力矩进行紧固。

（5）安装上平台连接板。用紧固件将上平台连接板与控制柜连接，并按要求的力矩进行紧固。

（6）安装电缆托板。用紧固件将电缆托板安装在上平台骨架上，并按要求的力矩进行紧固。

（7）安装电缆架。用紧固件和电缆架压板将电缆架安装在上平台骨架上，并按要求的力矩进行紧固。

（8）安装扶手。用紧固件将扶手固定在上平板上，并按要求的力矩进行紧固。

（9）安装梯子固定板。用紧固件将梯子固定板安装在上平台骨架上，并按要求的力矩进行紧固。

（10）安装上平台。在上平台总成支腿和相应的连接面上涂导电膏，用紧固件将组装好的上平台总成与底座进行固定，并按要求的力矩进行紧固。

（11）连接上平台盖板与上平板。

（12）安装上平台附件。

①安装灭火器支架。

②安装液压站电缆架。

③安装机舱控制柜电缆支架和连接板。

④安装内平台梯子。用紧固件将内平台梯子固定在内平台与上平台的梯子固定板上，并按要求的力矩进行紧固。

第二节　机舱罩的装配

风力发电机组常年在户外运行，处于比较恶劣的环境下，为了保护齿轮箱、传动系统、发电机、控制系统和安全系统等关键部件免受风沙、雨雪、冰雹、烟雾及紫外线的直接侵害，通过机舱罩和导流罩把这些关键部件保护起来。机舱罩具有美观、轻巧、对风阻力小的流线型外形；同时满足一定的强度和刚度要求，在极限风速下不会被破坏；采用成本低、重量轻、强度高、耐腐蚀能力强、加工性能好的材料制作；在舱壁上设有百叶窗式的通风孔，解决机组通风散热的问题；机舱罩底部有通风孔及吊重物用的孔，便于维修时运送零部件和工具等；机舱罩顶部设有通风口，便于人员安装、维修机舱顶部风速风向检测仪。

目前，大型风力发电机组的机舱罩与导流罩普遍采用玻璃纤维增强复合材料作为主要材料，辅以其他材料制作。也有个别机型的机舱罩采用金属材料（铝合金或不锈钢），但制作成流线型工艺很复杂，成本较高。

机舱罩是一种大型壳体结构，可分为上舱罩和下舱罩两部分。机舱罩一般由厚度为 8~10 mm 的玻璃钢制造，上下舱罩及顶部舱盖均采用内法兰连接，用不锈钢螺栓连接成整体。上下舱罩均带有空心金属加强筋，对体积大的舱罩多采用网状结构。加强筋排布位置需考虑部件的装配影响和舱内美观。另外，还要求机舱罩结构紧凑、外形美观。用玻璃钢制造的大型风力发电机的机舱罩一般采用拼装结构，见图 2-12 和图2-13。

图 2-12　中线剖分结构的机舱罩

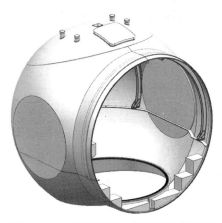

图 2-13　一种直驱风力发电机的机舱罩

一、安装机舱罩前准备

（1）使用检验合格的机舱罩及标准件，并对主要配合尺寸进行复查。经钳工修整的配合尺寸应由检验部门复检。合格后方可装配，并应将复查报告存入该机组档案。

（2）清理螺纹孔。可用丝锥或螺纹清理毛刷对螺纹孔进行清理，清理后用压缩空气吹扫螺纹孔，确保螺纹孔内无污物。

（3）清洗。用无水酒精和大布清洗机舱盖组件、上下机舱罩组件、舱门等部件，要求舱罩表面干净光滑、无毛刺、油污等。

（4）准备好安装机舱罩所需的工装吊索具等工艺装备，如吊具、吊带、卸扣、吊环螺钉、工装、大布、酒精、胶衣等。**注意：**要按图样或装配工艺规程正确选取吊带、卸扣和吊环螺钉，如正确选取吊带规格、长度和数量、卸扣和吊环的规格等。

（5）按照装配工艺规程的要求在机舱体的起吊固定点安装吊具、吊带等工装工具。

二、机舱罩的装配方法

机舱罩主要由机舱罩上下罩体组成。下面以一种永磁直驱机组的机舱罩为例，介绍机舱罩主要部件的结构及装配方法。

机舱罩下罩体的安装要求如下。

机舱罩下罩体主要由左右机舱体组件组成，与底座的配合是通过机舱罩的支撑座与紧固螺栓将左右机舱体组件连接起来的。

（1）用洗洁精和大布将机舱罩及主平台安装面清理干净。

（2）按照图样和装配工艺规程的要求使用螺栓等紧固件将左、右机舱体组件与底座的主平台及支架连接在一起，按要求的力矩进行紧固。

（3）组对。用特制吊带吊具将机舱盖组件吊运至已安装好的左右机舱体组件，使用撬杠调整左右连接管安装法兰孔，使其孔对正，安装正确。

（4）安装左右连接组件。用紧固件将左右连接管分别连接左右机舱体组件，螺栓螺纹旋合部分涂抹螺纹锁固胶，并按紧固力矩进行紧固。之后对裸露的紧固件表面进行二次防腐处理，并用黄色或红色油漆做防松标识。

注意：螺纹的锁固密封、螺栓的紧固顺序、紧固力矩以及防松标记的具体要求和注意事项除了工艺规程技术要求外，其他请参照本书第一章第一节的内容要求。

三、安装附件

（1）安装灯座支架。使用紧固件将灯座支架与机舱罩连接，并对螺栓力矩紧固。

（2）安装提升机支架。使用紧固件将提升机支架固定在机舱盖组件相应安装位置，并对螺栓力矩紧固。

（3）涂胶密封。在固定提升机支架的外露六角头处，涂抹机械密封胶；在机舱体组件连接后的外表面接缝处两侧、机舱盖组件和机舱体组件安装接缝处，涂抹机械密封胶。

（4）安装提升机和逃生器挂耳。

四、试装机舱底机件

（1）清理。用酒精和大布清理机舱底组件。

（2）放置机舱罩试装工装。预安装主平台骨架机舱罩试装工装，使用特制吊具将组完的机舱体组件平稳吊起，并与平台相应的孔对正连接、紧固。

（3）试装机舱底组与机舱体组件。用螺栓、大垫圈和锁紧螺母将左、右机舱底机组分别与左、右机舱体组件连接。

（4）试装发电机与机舱密封总成。用机舱密封软连接装置与机舱罩连接好，需配钻孔；用铆钉铆接左右机舱体组件前端上的软连接。

（5）试装和检查吊物孔门。

装配过程中的注意事项：

（1）安装紧固件时，螺纹的锁固密封、螺栓的紧固顺序、紧固力矩以及防松标记的具体要求和注意事项除了工艺规程技术要求外，其他请参照第一章螺钉、螺栓连接的要求。

（2）装配过程中的一般要求请参照本书第一章的内容。

 复习思考题

1. 如何正确使用吊索具？

2. 吊运机舱底座时，需要注意哪些事项？

3. 清理螺纹孔的方法有几种？分别列举。

4. 一种永磁直驱发电机机舱平台分为几部分？分别有什么作用？

5. 大型风力发电机组机舱罩普遍采用什么材料制作？机舱罩有哪些作用？

第三章　轮毂、变桨控制系统装配与调整

学习目的：

1. 了解变桨控制系统作用、分类及结构。

2. 了解表面清洁度及防腐图层的相关知识。

3. 熟悉变桨控制系统的装配过程。

第一节　变桨控制系统介绍

一、变桨控制系统介绍

1. 变桨控制系统作用

风力发电机需按照控制器的指令改变叶片的螺距，以适应实际风况和机组运行的需要。变桨系统是安装在轮毂内通过改变叶片角度或作为空气制动对风力发电机组运行进行功率控制的装置。

它的主要功能是变桨功能，通过纵轴精细的旋转叶片角度，使叶片向顺桨方向转动，改变叶轮转速，控制机组的能量吸收，实现机组的功率控制。这一过程往往是在机组达到其额定功率后开始执行。制动控制是通过变桨系统，将叶片转动到顺桨位置以产生空气制动效果，它和轴系的机械制动装置共同使机组安全停机。

目前，变桨系统按照控制方式可分为统一变桨和独立变桨两种形式。统一变桨即三个叶片的变换是一致的。独立变桨是在统一变桨的基础上发展起来的技

术，每个叶片根据自己的控制规律独立地变化角度，有效地解决了叶片和塔架等部件的载荷不均匀问题。它具有结构紧凑简单、易于施加各种控制、可靠性高等优势。

2. 变桨驱动分类

（1）齿轮变桨。电机连接齿轮减速器驱动小齿轮和变桨轴承齿圈，从而实现变桨，结构见图 3-1 和图 3-2。齿轮变桨机构相对简单，不会发生非线性、漏油和卡塞等现象。

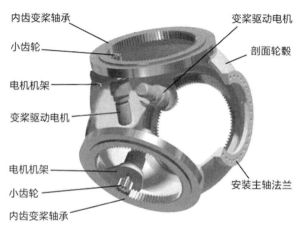

图 3-1　一种内齿齿轮变桨

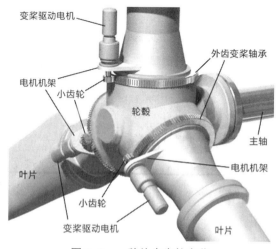

图 3-2　一种外齿齿轮变桨

（2）液压变桨。液压变桨使用三个独立的液压伺服油缸控制叶片绕自身轴线旋转，结构见图3-3。液压传动具有重量轻、定位准确、执行机构响应速度快、传动力矩大等特点。但液压变桨的阀组要配备要求极高的液压伺服装置，此外通过油缸连杆传动，环节过多易发生卡滞现象。

（3）齿形皮带变桨。步进电机按照控制器的指令，带动叶片根部的皮带轮旋转，改变叶片的旋转角，从而实现变桨，结构见图3-4。齿形皮带传动比较平稳，但其刚性较弱。

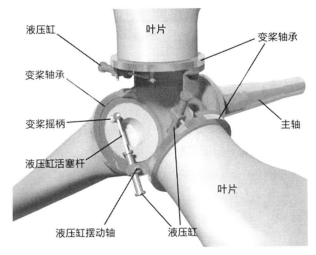

图3-3　一种液压变桨

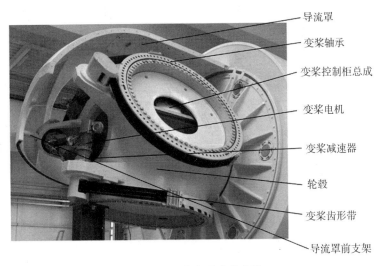

图3-4　一种齿形皮带变桨

3. 变桨驱动结构

（1）齿轮变桨驱动由变桨轴承、驱动装置、传感器和接近开关等部件组成。

（2）齿形皮带变桨驱动由变桨轴承、驱动装置、齿形皮带、传感器和接近开关等部件组成。

（3）液压变桨驱动由动力源液压泵站、控制阀块、执行机构伺服油缸与储能器等部件组成。

二、轮毂、变桨控制系统装配准备

1. 清理、检查轮毂各装配面

（1）轮毂介绍。风电机组常用轮毂为铸造后进行机加工，轮毂常用材料为球墨铸铁。轮毂外形图见图 3-5 和图 3-6。

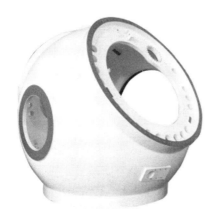

图 3-5　一种齿轮传动用轮毂　　　图 3-6　一种齿形带传动用轮毂

（2）清理轮毂。装配轮毂前，应使用适当的工具和清洗剂将轮毂清理干净，对于不合格的防腐层部分需要进行修补。补刷的油漆必须和原零部件的油漆颜色一致，具体补漆方法可参见本书第一章第三节内容。清理后的轮毂不得有毛刺、翻边、氧化皮、锈蚀、切屑、油污、着色剂和灰尘等。

（3）轮毂安装面清洁度要求。清洁度是一项非常重要的质量指标。一般来说，污物的量包括种类、形状、尺寸、数量、重量等衡量指标；具体用何种指标取决于不同污物对产品质量的影响程度和清洁度控制精度的要求。

清洁度主要是指零件、部件和整机特定部位被杂质污染的程度。用规定的方法从规定的特征部位采集到杂质微粒的质量、大小和数量来表示。这里所说的"规定部位"是指危及产品可靠性的特征部位。这里说的"杂质"，包括产品设计、制造、运输、使用和维修过程中，本身残留的、外界混入的和系统生成的全部杂质。

保证清洁度的目的是使产品达到规定的寿命，不使产品在制造、使用、维修过程中因污染而缩短使用寿命。通过清洁度检测并规定其限值，可大大减轻颗粒磨损造成的损害，提高整机运行寿命和可靠性。

清洁度测定方法对过程控制、品质保证和失效分析非常重要，是概括用于获得有关测定各种机械设备清洁度数据的详细过程。同时工程机械零部件清洁度的测定应符合《工程机械零部件清洁度测定方法》JB/T 7158 的规定。清洁度的测定方法很多，主要有如下几种。

①目视检查法。目视检查法即由人工直接用眼睛在显微镜下对零件可以看到的外表面或内腔表面进行检查。调节显微镜的照明亮度和放大倍数，人工可以判断污染颗粒是金属、非金属或纤维以及污染颗粒的尺寸大小。目测法可以检查残留在零件表面比较大而明显的颗粒、斑点、锈斑等污染，但检查的结果与人为的因素关系很大。

②接触角法。所谓接触角，就是液体在固体表面形成热力学平衡时所持有的角。

对固体和液体之间形成的接触角的测量，是在表面处理及聚合体表面分析等众多类似领域广为知晓的分析技术，是对多个单位的单层变化十分敏感的表面分析技术。

测量液滴在固体表面的接触角来评估表面的可湿润特性。如果液滴可湿润表面，则接触角小，反之液滴不能湿润表面，而在表面倾向于形成圆珠或气泡，则接触角大。这就是"水膜残迹"测试的原理。接触角大，表示表面被憎水性的污物污染；反之，接触角小，液滴破裂或摊薄，表示该表面清洁。

这种测试方法受人为因素影响也很大，而且这种方法对非常轻小或分散的污物不易识别。尤其是有些特殊材料（如 PTFE 塑料），即使表面很清洁，对大多数液体的接触角也很大。所以，接触角法不适合对某些关键或重要的表面清洁度进行测试。

③荧光发光法。在许多情况下，可以利用紫外线来检测零件表面的清洁度。在紫外线的照射下，表面的污染物颗粒会发出荧光。因为紫外线的能量被污物吸收，污物颗粒电子被激化并跃进到高能级的电子层，处于高能级的不稳定的电子随即会返回原低能级电子层，在此过程中原来吸收的能量以发热、发光的形式释放出来荧光。

这种激活释放的频率达每秒几千次，所以在紫外线下的荧光不是闪烁的而是持续稳定的，根据发荧光即可目测污物在零件表面的位置，荧光强度也是可以应用信号检测仪器测定，从而表示表面被污染的程度。但如果要识别污染物的成分等特性，必须借助其他分析法。

④颗粒尺寸数量法。这是一种零件清洁度测定的新方法。其基本原理是根据被检测的表面与污染物颗粒具有不同的光吸收或散射率。其测试方法是：将一定数量的零件在一定的条件下清洗，将清洗液通过的滤膜充分过滤，污物被收集在滤膜表面。然后将滤膜干燥，用显微镜（最佳设备是具有拍摄功能的图像识别和分析设备）在光照射下检测，按颗粒尺寸和数量统计污物颗粒，即可得到所测物体零件的固体颗粒污染物结果。这是一种适合精密清洗定量化的清洁度检测方法，尤其适用于检测微小颗粒和带色杂质颗粒。但是如果滤膜是白色的，此时对白色污物和气泡的识别就有可能引起误判。

颗粒尺寸数量法极限值。对特定规格的零件，规定一定样品数量、检查频率、清洗介质、清洗参数和操作过程的情况下，将颗粒按尺寸大小统计，每个尺寸范围分别规定准许的最大颗粒数量，只要有某一项超标，则测试结论为不合格。

⑤重量法。重量法是工业生产和试验中最常用的清洁度测定方法。其测定原理是：将一定数量的试样在一定的条件下进行清洗，然后将清洗的液体通过滤膜充分过滤，污物被收集在经过干燥的滤膜表面，将滤膜再次充分干燥，根据分析天平称出过滤清洗前后干燥的滤膜质量，计算其增加值，即为试样品上的固体颗粒污染物的质量。

重量法典型限值。即对特定规格的零件，规定一定样品数量、检查频率、清洗介质、清洗和过滤方法的情况下准许的最大残留污物的重量，单位为 mg 或 μg。

（4）轮毂表面防腐涂层要求。防腐蚀涂料在被涂装基体表面固化后形成涂层，防止基体腐蚀，其作用有以下几种。

①屏蔽作用。涂层的屏蔽作用在于使基体和外部环境隔离，以免受其腐蚀。根据电化学腐蚀原理，涂层下金属发生腐蚀需有水、氧、离子存在，以及离子流通的途径，阻挡水、氧和离子的透入，就可以防止金属腐蚀。然而绝对的屏蔽是不可能的，任何涂层都有一定程度的渗透性。

②缓蚀作用。涂层中含有的化学防锈颜料，在有水存在时，从颜料中离解出缓蚀离子，从而引起阳极极化，或阴极极化，或阴阳极同时极化，抑制腐蚀进行。缓蚀剂可弥补屏蔽作用的不足，屏蔽作用又能防止缓蚀离子流失，两者相得益彰。

③电化学作用。涂料中加入对基体金属能成为牺牲阳极的金属粉，金属粉之间和金属粉与基体之间能达到电化学修复，便能保护基体免受腐蚀，如富锌底漆对钢铁的保护。

防腐蚀涂层在抗渗透性、对腐蚀介质的稳定性、附着力和力学性能这些基本性能满足要求的情况下，才能实现它对基体金属的保护作用。

①抗渗透性。抗渗透性是防腐蚀涂层最基本的要求。涂层作为一种高聚物薄膜，能不同程度地阻挡并减缓水、氧和离子的透过，从而发挥防腐蚀作用。

水对涂层的渗透认为是通过吸附、溶解、扩散、毛细管吸引的过程。前两者与漆基高聚物中所含极性基团和可溶性成分有关，后两者与聚合物链节的活动性、涂层的孔隙度和浸出量有关。

可溶性成分和浸出物包括水分子单体、滞留溶剂和外来污染及高聚物的降解物。涂层的孔隙度取决于涂层针孔以及高聚物分子之间和大分子内部存在的气孔。针孔是由不理想施工造成的。气孔是涂层固有的，取决于高聚物的分子结构、交联密度和排列状态，因此涂层的渗透是不可能绝对避免的。

结构规整、排列紧密、只含少量亲水基团的高聚物膜具有较低的水渗透性（如氯化橡胶、聚偏氯乙烯等）。根据实验数据，水蒸气渗透率低的涂层提供相同保护期所需的涂层厚度低。

颜料的加入能提高涂层的抗渗透性。颜料粒子不透水，能填充管孔，延长渗透至基体的路径。涂层中颜料量小于临界颜料体积分数时，水通过颜料粒子之间的基料渗透；但颜料量大于临界颜料体积分数时，水便更快地通过颜料粒子之间的空隙扩散。对含颜料的漆膜，测定水蒸气透过率和透过率的值有差异，因为水可积聚于颜料和基料的界面，而且水会经过漆膜的小孔的毛细管流动而透入。所以有些漆膜阻挡水的能力低于阻挡水蒸气的能力，涂层越厚，则透水率越低，所以重防腐涂料都是厚膜型。对于完整无缺陷小孔的漆膜，水是通过漆膜的自由体积的空穴在膜内穿行的，但实际的漆膜难免有小孔，孔径大于空穴，使水、氧、离子容易透入。如果多层涂装，缺陷小孔不会延伸到底板，则渗透必须通过自由体积的空穴，阻缓了渗透和腐蚀。

在电化学腐蚀过程中必须有离子参加反应，涂层的电阻可阻挡离子的通过而阻缓腐蚀的发生，离子在涂层中渗透的机理与水类似，且必须有水存在才有离子及其移动。离子透过漆膜比水和氧透过漆膜要慢得多，从而阻缓了腐蚀过程。大多数漆膜浸水后，其所含羧基离解，使漆膜带负电，因而选择性地吸引阳离子透入漆膜。

②对腐蚀介质的稳定性。防腐蚀涂层对腐蚀介质的稳定性是指化学上既不被介质分解，也不与介质发生有害的反应，物理上不被介质溶解或溶胀。从耐介质腐蚀性角度来看，碳链高聚物比杂链好，碳链上的氢原子被氟、氯原子取代更好，饱和度高的好，极性小的比含有双键的和极性基团多的要好。

③附着力和湿附着力。涂层要有效地保护基体，就必须在使用期内与基体牢固附着，除反应性底漆外，涂层的附着力主要靠分子间的物理吸引力（又称次价键力），它包括取向力、诱导力、色散力（以上称范德华力）和氢键力。其中氢键力最强，但这类吸引力只有在分子级距离内才能产生，故底漆应润湿性好，使涂料与基体充分接触。

涂层在使用过程中，影响附着力的因素主要有两方面：其一，涂层—金属界面上水的积聚。水对金属的亲和力大于一般高聚物对金属的亲和力，故水能插入其中间，取代高聚物的吸附。界面上的水可能来自施工时金属表面原来吸附的水，影响涂层原始附着强度，也可能在使用过程中，水由涂层表面渗入。其二，内应力的积累。随着涂层固化后期的溶剂挥发，使用过程中的进一步交联和水分子物质析出等因素，使涂层体积收缩而形成内应力。使用中冷热、干湿的循环交替，涂层与基体的涨缩系数不同会导致界面产生反复的相对位移，产生破坏性应力。内应力大于附着力，涂层会脱开；内应力小于附着力而大于内聚力，涂层会开裂。据测定因体积收缩而形成的内应力可达 $9.8 \times 10^3 kPa$。高聚物的结构与内应力形成有关。较柔软的涂层能通过分子构象变化消除内应力，高交联的刚性涂层则不行。片状、纤维状颜料也能降低涂层的内应力，但代价是颜料与高聚物间微观开裂。

所谓"湿附着力"是指涂装于物件上的漆膜在水中浸泡一段时间后的附着力。这是近年来将漆膜附着力与耐腐蚀性相联系的新认识。若漆膜湿附着力差，透过漆膜到达钢铁表面的水分子与钢铁表面发生作用，就可以预替掉原来的漆膜和钢铁表面的作用而形成水层，而透过漆膜的氧便可以溶解于漆膜下的水。由于有氧和水，钢铁便有了发生腐蚀的条件。腐蚀一旦发生，此时水成为盐的溶液，于是有渗透压产生。在渗透压作用下，水和氧可非常迅速地通过漆膜，此时的漆膜相当于半透膜，漆膜的附着受到进一步破坏，导致与钢铁表面脱离（气泡因之生成）。另一方面，腐蚀发生时，体系中有 OH^- 离子产生，它可使一些易水解的基团水解，如酯基，使漆膜失去应有的物理性能，从而失去保护钢铁的作用。

按照湿附着力理论，涂料具有良好防腐蚀性的基础是漆膜在钢铁表面上有极佳的湿附着力。如果漆膜的透水性、透氧性低，膜下溶解离子少，渗透压低，可以延长湿附着力降低的时间，则涂膜的保护期将得到延长。

④力学性能。涂层的力学性能指标有硬度、柔韧性、耐冲击性、耐磨性等，力学性能可以综合地反映作为粘弹体的涂层在受外力时产生变形的大小。

力学性能与高聚物的玻璃化温度 T_g 有关，T_g 取决于高聚物分子的结构。涂层的使用温度应大于基料的 T_g，若 T_g 高于使用温度，则需添加增塑剂。耐久的防腐蚀涂层在使用过程中，T_g 应变化很小。

涂层的力学性能取决于所承受的机械应力与高聚物结构内部产生的应变分布状况间的关系。涂层应力（应变特性）与高聚物种类、颜料种类和浓度有关。在颜料体积分数 ϕ 低于临界颜料体积分数 ϕ 临界范围内，随颜料 ϕ 值提高，涂膜抗张强度提高、延伸率下降。

涂膜低的延伸率和低的抗张强度说明涂膜硬而脆，预示使用不耐久；低的延伸率和高的抗张强度说明涂膜硬而韧；高的延伸率和低的抗张强度说明其是柔软的弹性膜；两值均高为强韧的弹性膜。

表面防腐涂层检查方法有以下几种。

①涂料的名称、型号、颜色及辅助材料必须符合设计的规定，产品质量应符合质量标准。

②漆膜的底层、中间层和面层的层数，应符合设计的规定。

③漆膜的底层、中间层和面层，不得有咬底、裂纹、针孔、分层剥落、漏涂和返锈等缺陷。

④涂层附着力检测应符合设计要求。

（5）检查轮毂防腐涂层。轮毂面漆应均匀、细致、光亮、完整和色泽一致，不得有粗糙不平、漏漆、错漆、皱纹。

2. 检查变桨轴承表面防腐涂层

（1）变桨轴承表面防腐涂层要求。

变桨轴承防腐涂层分以下两类。

①金属热喷涂层。

②防腐蚀涂料喷涂层。

变桨轴承常选用 50 Mn、42 CrMo、5 CrMnMo 等优质碳素结构钢作为材质，而优质碳素结构钢不具备防锈、防腐能力。最早的表面处理是表面磷化，原理是使变桨轴承表面产生化学反应，把表面金属烧黑，起到防锈、防腐功效。随后由于对外观的要求，现多使用表面喷锌处理，使其具备防锈、防腐的同时外观美观。根据厂家的具体要求，变桨轴承在部分表面金属热喷涂层的基础上再进行防腐蚀涂料的二次喷涂。

变桨轴承表面防腐涂层涂刷方法有以下两种。

①金属热喷涂层。以热喷锌为例，变桨轴承表面喷锌采用低压大电流电源，将锌丝加热到熔融状态，借助压缩空气，将熔融状态的锌雾化，并以微粒状喷射到变桨轴承表面以下（深度一般≥2 μm）。

②防腐蚀涂料喷涂层。需根据不同的使用环境选择适当的防腐蚀涂料。喷涂施工可选择空气喷涂和高压无气喷涂等方法。喷涂施工时，喷枪的移动速度应保持稳定，每行涂层边缘的搭接宽度应保持一致，空气喷涂前后搭接宽度宜为喷涂幅度的 1/4~1/3，高压无气喷涂搭接边宜为喷层幅度的 1/6~1/5。

表面防腐涂层有如下几种检查方法。

①热喷涂用材质应符合相关设计要求。

②用磁性测量法测量涂层厚度，厚度应达到相关设计要求。

③用拉开法测量金属层附着力，不能出现金属涂层与基材剥离的现象。

④金属涂层的成分应满足相关设计要求。

⑤防腐涂料的名称、型号、颜色及辅助材料必须符合设计的规定，产品质量应符合质量标准。

⑥漆膜的底层、中间层和面层的层数，应符合设计的规定。

⑦漆膜的底层、中间层和面层，不得有咬底、裂纹、针孔、分层剥落、漏涂和返锈等缺陷。

⑧涂层附着力检测应符合设计要求。

（2）检查变桨轴承表面防腐涂层。喷涂层外观应均匀一致，无漏喷和附着不牢的涂层，无大熔融颗粒粘附。面漆应均匀、细致、光亮、完整和色泽一致，不得有粗糙不平、漏漆、错漆、皱纹、针孔及严重挂流等缺陷。

3. 检查变桨轴承密封带

（1）变桨轴承密封带要求。

①变桨轴承密封带作用。变桨轴承密封带的作用一方面是保持轴承内部的润滑脂（油）在使用中不会流失，保证轴承处于润滑状态；另一方面是保护轴承外界的尘埃或有害气体不会进入轴承内腔，以防对轴承造成损伤。

②变桨轴承密封带材料。密封带的材料用一般常 SN7453 型丁腈橡胶制造，并应符合《旋转轴唇形密封圈橡胶材料》HG/T 2811 的规定；也可以采用满足性能要求的其他材料。

（2）检查变桨轴承密封带。

①密封带用胶料应混炼均匀。

②密封带不允许有缺陷。

③密封带不允许出现漏脂现象。

第二节 轮毂、变桨系统装配准备

一、识别变桨轴承软带位置、止口方向

1. 变桨轴承滚道淬火软带

（1）软带介绍。硬度低于正常的滚道淬火硬度，称为轴承滚道的软带，这是现有工艺及设备无法避免的。软带区的长短由高频淬头的大小或者滚动体直径及感应器大小确定。

（2）软带产生原因。大型轴承的内圈滚道、外圈滚道在热处理工序表面淬火时有两种工艺。

①淬火设备高频头开始淬火的起始点位置与结束点位置存在一个盲区，这个区域因为没有经过淬火，形成了低硬度区。

②淬火设备感应头开始淬火的启始点位置与结束点位置存在一个交汇区，这个区域因为二次加热而造成局部退火，形成了低硬度区。

（3）软带宽度。

①对无堵塞孔的套圈的软带宽度，当滚动体直径≤25 mm 时，应不大于两倍的滚动体直径；当滚动体直径≥25 mm 时，应不大于 50 mm。

②对带堵塞孔的套圈的软带宽度应不大于堵塞孔直径+35 mm。

（4）轴承内、外圈滚道软带区位置。转盘轴承在加工制造时，为了将钢球、滚子顺利装进滚道，一般在外圈或者内圈滚道上钻一个孔。滚道淬火起始位置及结束位置就在孔的旁边，这区域形成了软带。为了不让钢球、滚子从孔中掉出，制造一个塞子将孔堵住。塞子的工作面同滚道面一样。所以外圈滚道的软带就在塞子的区域，如果没有塞子孔就在其他地方。轴承内圈滚道的软带区域如果有塞子就在塞子旁边，如果没有塞子就在其他地方随机形成。

（5）软带标记。除带堵塞孔的套圈软带应设置在堵塞的滚道部位而不做标记外，其余套圈均应在软带对应的非安装配合处做永久性的"S"标记。对于双半套圈的软带，除应做如上标记外，还应在配合钻孔和装配时，使双半套圈软带

重合于一体。

（6）软带安装位置。软带的安装位置要由风电机组生产商在设计风机时，根据载荷情况计算出变桨轴承不承受或很少承受倾覆力矩的位置，将此位置定为软带安装位置。

在安装时，必须保证变桨轴承的软带位置与轮毂规定的软带安装位置相重合，如相距距离太远，会造成变桨轴承在使用中出现早期损坏。

（7）大型轴承安装起吊。大型转盘轴承在安装时用吊机起吊，一定要用三点接触吊起轴承，使整个轴承受力均匀不易变形。如果用两点接触吊起轴承，使轴承受力不匀产生变形，轴承会形成折叠或翘曲变形。变形后会影响轴承正常转动。

2. 变桨轴承止口

（1）止口介绍。便于两个工件定位，在一个工件上加工出凸台，另一个工件上加工出凹坑，这个凸台和凹坑就叫止口。

（2）止口作用。止口，是用于圆柱型零件与圆孔型零件连接、定位用的。止口可以起到轴向、径向的双重定位，可以限制 5 个自由度，只有轴向旋转不能限制。

（3）止口类型。止口由凸止口和凹止口组成，两者应成对出现。凸止口，是由凸出的短圆柱和端面构成的；凹止口，是由短孔和端面构成的。

（4）确定变桨轴承止口方向。在安装时，根据轮毂变桨轴承安装支承面止口设计，确定变桨轴承与轮毂配合的止口方向。变桨轴承的定位配合止口尺寸公差应分别为 H9～H10、h9～h10。

二、0 刻度线的识划方法

1. 0 刻度线的作用
（1）方便现场风力发电机组叶片与叶轮系统的组装。

（2）为风力发电机组变桨系统标定 0 度位置。

2. 0 刻度线分类
0 刻度线分为轮毂 0 刻度线和变桨轴承 0 刻度线。

3. 轮毂 0 刻度线画法

根据风电机组生产商不同的叶片设计，需按照相关的要求画轮毂 0 刻度线，见图 3-7 和图 3-8。

图 3-7   一种轮毂 0 刻度线画法

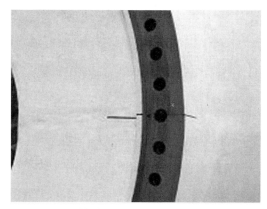

图 3-8   一种轮毂 0 刻度线画法（局部示意图）

4. 变桨轴承 0 刻度线画法

根据风电机组生产商不同的叶片设计，应按相关要求来画变桨轴承 0 刻度线，见图3-9。

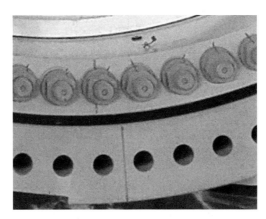

图 3-9 一种变桨轴承 0 刻度线画法

三、装配变桨轴承

1. 清理变桨轴承与轮毂安装支撑面

变桨轴承安装前，需对轮毂安装支承面以及变桨轴承安装面进行检查，防止污物污染或污物附着在安装接触面上，如果存在污物，须使用不腐蚀密封材料的清洗剂对污染部位进行清理；同时，用无毛抹布清除硬化油脂、灰尘、粗糙的污物以及安装接触面上的颜色残留物、汗渍和毛发。

2. 安装紧固件

通过一周圈的紧固件（螺栓或螺杆）将变桨轴承安装到轮毂上，紧固件安装的注意事项如下。

（1）应清理并检查螺纹孔和紧固件，确保螺纹表面光滑，无污物，紧固件应能用手轻松地旋入。如果无法旋入螺纹孔，应用合适的丝锥进行过孔。

（2）螺栓或螺杆的螺纹旋合面和螺栓六角头部或螺母与平垫圈接触面应按设计要求涂抹润滑剂或螺纹锁固胶。

（3）变桨轴承需安装紧固件数量较多，具体装配方法详见本书第一章装配连接要求内容。

（4）正常情况下，紧固件通过紧固力矩或者预紧力就能保证紧固稳定。紧固力矩一般用 N·m 来表示，预紧力一般用 kN 来表示。通过正确使用预紧力矩扳手或者力矩拉伸器使紧固件达到要求。紧固件的紧固力矩或预紧力根据相关国家标准或者企业标准执行。

（5）螺栓安装完成后需按照要求进行防松、防腐处理，见图3-10和图3-11。可使用表面刷冷喷锌或防锈油等方法进行防腐处理。

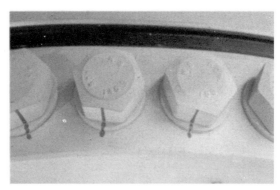

图3-10　一种螺栓防腐、防松处理

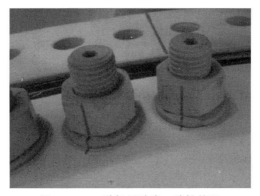

图3-11　一种螺母防腐、防松处理

四、装配变桨润滑系统

1. 润滑系统的作用

风力发电机受较高机械载荷的制约，同时要求有绝对的可靠性，合理的润滑系统可以有效地避免因缺乏润滑而导致的故障。

不论是电动驱动还是液压驱动，都要通过机械结构执行变桨动作，所以，变桨机构的执行机构是重点润滑部位。

2. 润滑脂的选择

由于风力发电机组运行的环境温度一般不超过 40 ℃，且持续的时间不长。因此变桨系统内选用的润滑脂一般对高温使用性能无特殊要求。

在油品低温性能上，根据风力发电机组变桨系统运行环境的温度不同，其要求也不尽相同，对于环境温度高于−10 ℃的地区，所用的润滑脂不需特别地考虑低温的性能，大多数润滑脂都能满足相关设计及使用要求。在环境温度较低的地区，需要对油品的低温使用性能有较高的要求。

3. 装配变桨润滑系统

以一种变桨润滑为例描述变桨润滑系统的安装过程，见图 3-12~图 3-14。

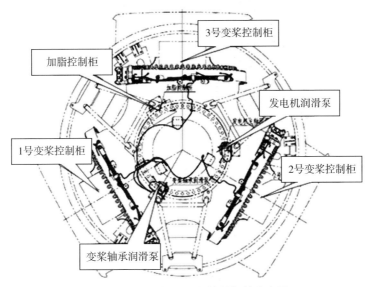

图 3-12　一种润滑泵和控制柜的分布图

（1）安装润滑泵控制柜。安装位置见图 3-12；润滑泵控制柜外观见图3-13。

（2）使用加脂枪将润滑脂加到润滑泵储脂桶指定位置，同时润滑脂牌号需满足设计要求，见图 3-14。

图 3-13　一种润滑泵控制柜

图 3-14　润滑泵加注润滑脂

（3）安装润滑泵。使用螺栓将润滑泵与支架连接，装配示意图见图 3-15。

（4）安装分配器。将分配器安装到变桨轴承指定位置，分配器安装支架借用偏航轴承紧固螺栓进行固定，见图 3-16。

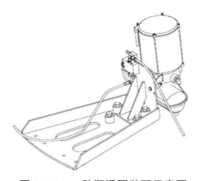

图 3-15　一种润滑泵装配示意图

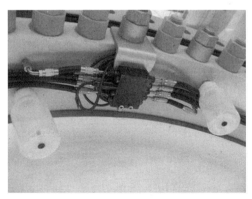

图 3-16　一种分配器安装图

（5）确定变桨轴承润滑点。润滑点尽量均布，但是可以根据变桨轴承的实际安装情况适当调整，润滑点与集油瓶和变桨控制柜支架干涉的位置要让开，见图 3-17。

图 3-17　一种变桨轴承安装润滑管路和润滑点

第三节　轮毂、变桨系统的装配

一、安装变桨驱动装置

1. 变桨驱动组成

（1）齿轮传动变桨驱动装置由变桨电机驱动多级行星齿轮减速器，见图 3-18 和图 3-19。动力输出由最末级的小齿轮传递至与叶片根部连接的变桨轴承的大齿圈上，直接对叶片角度进行控制，其减速比按照机组设计参数确定。部分厂家的机组采用液压马达替代电机驱动器，此时机组要配置相应的液压阀组和管路。与变桨轴承齿圈啮合的小齿轮应采用优质低碳合金钢渗碳淬火，齿面硬度值应达到 58~62 HRC。

图 3-18　一种变桨减速器

图 3-19　一种带伺服电机的变桨减速器

（2）齿形带传动变桨驱动装置由变桨电机驱动多级行星齿轮减速器，动力输出至与齿轮减速器连接的变桨驱动装置内传动皮带轮上。由最末级的皮带轮带动齿形皮带，动力输出传递至与叶片根部连接的变桨轴承上，直接对叶片角度进行控制，见图3-20。常用齿形带有碳纤维带和钢丝带。

图3-20　一种齿形带传动变桨驱动

（3）液压变桨驱动装置由液压伺服油缸驱动变桨摇柄，动力输出传递至与叶片根部连接的变桨轴承上，直接对叶片角度进行控制。

2. 变桨驱动安装位置

（1）齿轮传动变桨驱动装置安装。

①安装变桨减速器前需按照减速器厂家要求通过油窗检查减速器油位，如果齿轮油过多，则打开放油嘴放油至油窗指定位置；如果过少，需进行加油达到油窗指定位置。

②使用螺栓连接变桨电机与变桨减速器，示意图见图3-19。

③安装前找到变桨减速器最大端标识位置，最大端指偏心圆盘的圆周面到变桨减速器中心轴距离的最远点，见图3-21。

图 3-21　一种变桨减速器的大端标识

④将变桨减速器安装孔和轮毂螺纹孔对正，找到变桨轴承齿顶圆的最大端标记处，在该处调整齿侧间隙，并使偏航减速器偏心圆盘大、小端连线的中间位置约处于齿轮啮合位置。通过螺栓将变桨电机与变桨减速器组件与轮毂连接，变桨小齿轮直接与变桨轴承大齿配合。

⑤变桨电机安装完成后需按照设计要求调整变桨减速器小齿与变桨轴承大齿的啮合间隙，啮合间隙的测量方法有：

· 用压铅丝的方法检验。

· 用百分表检验。

· 轮齿接触斑点检验。

（2）齿形带传动变桨驱动装置安装。

①安装变桨减速器前需按照减速器厂家要求通过油窗检查减速器油位，如果齿轮油过多，则打开放油嘴放油至油窗指定位置；如果过少，需进行加油达到油窗指定位置。

②将驱动轴、驱动轮、张紧轮、轴承等相关零部件装入带轮支撑，见图3-22。

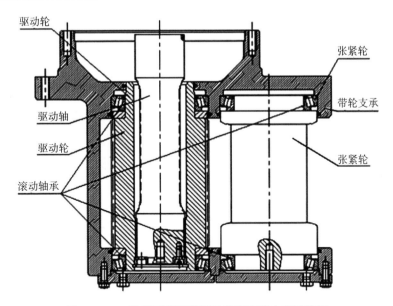

驱动轮

张紧轮

带轮支承

驱动轴

驱动轮

张紧轮

滚动轴承

图 3-22　一种齿形带变桨驱动带轮支撑内部结构图

③使用螺栓连接变桨减速器与带轮支撑，安装时，需按照设计确定变桨减速器的安装方向，见图 3-23。

图 3-23　一种齿形带传动变桨减速器的安装

④通过螺栓将变桨减速器与带轮支撑组件连接到轮毂指定位置，见图 3-24。

图 3-24　一种齿形带传动变桨系统的安装

⑤将齿形带穿过带轮支撑，通过齿压板将齿形带与变桨轴承连接。

⑥连接变桨减速器与变桨电机，见图 3-25。

图 3-25　一种齿形带传动变桨系统变桨电机的安装

（3）液压变桨驱动装置安装。叶片与轮毂之间通过变桨轴承连接，使叶片可以进行轴向旋转，液压伺服油缸一端固定在轮毂上；另一端可伸缩的活塞杆与接到变桨轴承上的机械连杆结构连接。节距角的变化同液压缸位移成正比。这样活塞杆的直线运动能够转化为叶片的圆周运动。

①通过紧固件将液压伺服油缸连接到轮毂指定位置。

②将机械连杆结构安装到变桨轴承指定位置。

③连接机械连杆结构与液压缸活塞杆。

3. 变桨驱动装置基本检查

（1）检查变桨驱动装置的表面防腐层。

（2）检查变桨驱动装置的表面清洁度。

（3）检查变桨电机运行是否有异常。

（4）检查变桨齿轮箱润滑油位。

（5）检查变桨驱动装置内所有连接紧固件是否紧固，并进行防腐和防松处理。

（6）齿轮传动变桨驱动装置还需检查齿轮啮合间隙。

（7）齿形带传动变桨驱动装置还需检查齿形带预紧拉力。

（8）液压传动变桨驱动装置还需检查液压缸是否有异响和漏油等异常。

二、安装变桨驱动柜系统

1. 变桨驱动柜系统组成

变桨驱动控制柜系统由变桨控制柜、电池柜及柜体支架组成。电池柜中装有由铅酸蓄电池构成的 UPS 电源，作为后备电源使用。

2. 安装位置

柜体支架通过紧固件安装到轮毂上，支架与轮毂之间需安装弹性支撑，弹性支撑起缓冲与减振的作用。将变桨控制柜和电池柜安装到柜体支架上，见图3-26。

图 3-26　一种变桨驱动柜系统的安装

（1）柜体安装完成后，检查柜体支架与轮毂之间连接的弹性支撑是否有缺损。

（2）柜体安装完成后，检查变桨驱动柜所有连接紧固件是否紧固，并进行防腐和防松处理。

3. 安装检测装置

（1）安装位置。位移传感器、编码器和限位开关等装置是安装在轴承齿轮部位的检测装置，必须可靠并且具有较好的精准度。

（2）检测装置基本检查。

①检查相关检测装置是否出现松动。

②检查相关检测装置的灵敏度。

③检查相关检测装置所有连接紧固件是否紧固。

4. 安装润滑管路

将接头分别安装到相关检测装置变桨轴承上，润滑点尽量均布，根据实际润滑点的位置，截取橡胶油管的长度，然后用管卡固定润滑管，润滑管安装前充满润滑脂，见图3-17。

5. 润滑管路基本检查

（1）检查润滑管路是否有松动。

（2）检查润滑管路是否有泄漏。

（3）检查润滑油管是否有缠绕。

（4）检查管卡紧固件是否紧固。

 复习思考题

1. 目前风力发电机组变桨系统主要功能是什么？

2. 目前风力发电机组变桨系统控制方式分别是什么？

3. 目前风力发电机组常用的变桨轴承驱动方式分别是什么？

4. 清洁度的概念是什么？

5. 目前风力发电机组变桨轴承防腐涂层的作用是什么？

第四章　传动链的装配与调整

学习目的：

1. 了解轴承加热设备原理和加热温度调节方法。
2. 了解主轴总成的装配过程。
3. 了解传动链的主要组成零部件及装配方法。
4. 了解齿轮箱的结构与工作原理。

第一节　传动链的概述

一、装配的基本规定

（1）机械设备装配前，应对需要装配的零部件配合尺寸、相关精度、配合面、滑动面进行复查和清洗清洁，并应按照标记及装配顺序进行装配。

（2）机械设备清洗的零部件、部件应按装配或拆卸的顺序进行摆放，并妥善地保护。清理出的油污、杂物及废清洗剂，不得随地乱倒，应按环保有关规定妥善处理。

（3）当机械设备及零、部件表面有锈蚀时，应进行除锈处理。其除锈方法见表4-1。

表 4-1　金属表面的除锈方法

金属表面粗糙度/μm	除锈方法
>50	用砂轮、钢丝刷、刮具、砂布、喷砂、喷丸抛丸，酸洗除锈、高压水喷射
50~6.3	用非金属刮具，油石或粒度150号的砂布沾机械油擦拭或进行酸洗除锈
3.2~1.6	用细油石或粒度为150~180号的砂布，沾机械油擦拭或进行酸洗除锈
0.8~1.6	先用粒度为180号或240号的砂布沾机械油擦拭，然后用干净的绒布沾机械油和细研磨膏的混合剂进行磨光

机械设备本体、管道等钢材表面的锈蚀等级和除锈等级，应符合国家国标《涂装前钢材表面锈蚀等级和除锈等级》GB 8923—88 的有关规定。

（4）清洗机械设备及装配件表面的防锈油脂时，其清洗方式可按下列规定确定。

机械设备及大、中型零部件的局部清洗，宜采用擦洗和刷洗。

①中、小型形状较复杂的装配件，宜采用多步清洗或浸、刷结合清洗；浸洗时间宜为 2~20 min；采用加热清洗时，应控制清洗液温度，被清洗件不得接触容器壁。

②形状复杂、污垢粘附严重的装配件，宜采用清洗液和蒸汽、热空气进行喷洗；精密零件、滚动轴承不得使用喷洗。

③形状复杂、污垢粘附严重，宜采用浸、喷联合清洗。

④对装配件进行最后清洗时，宜采用清洗液进行超声波清洗。

⑤机械设备加工装配面上的防锈漆，应采用相应的稀释剂或脱漆剂等溶剂进行清洗。

⑥在禁油条件下工作的零部件及管路应进行脱脂，脱脂后应将残留的脱脂剂清除干净。

⑦机械零部件经清洗后，应立即进行干燥处理，并采取防锈措施。

机械设备和零部件清洗后，其清洁度应符合下列要求。

①采用目测法时，在室内白天或在 15~20 W 日光灯下，肉眼观察，表面应无任何残留污物。

②采用擦拭法，应用清洁的摆布或黑布擦拭清洗检验部位，布的表面应无异物污染。

③采用溶剂法时，应用新溶液洗涤，观察或分析洗涤溶剂中应无污物、悬浮或沉淀物。

④采用蒸馏水局部湿润清洗后的金属表面，用 pH 试纸测定残留酸碱度，并应符合其机械设备技术要求。

二、操作轴承加热设备

1. 轴承加热器的介绍

轴承加热器的感应加热是利用电磁感应的方法，使被加热工件本身内部产生电流磁场，从而使工件产生涡流来加热，依靠这些涡流的能量来达到加热的目的。轴承加热器感应加热系统的基本组成包括感应线圈、交流电源、工件及控制部分，利用电磁感应原理将电能转换为热能，设备通过带感应线圈的加热主机，转换成交变磁场，当磁力线通过导磁性工件轴承时，在轴承体内产生涡流使轴承表面自行高速均匀发热，主机温度不变。轴承升温速度快，生产效率高，能直接节电80%左右，轴承加热器设备安装简便，系统简单，易操作，接电即可用。设备电器部分通用性强，维护更方便，频率在50~60 Hz 无磁辐射，对人体无害。

轴承加热器感应加热来源于法拉第发现的电磁感应现象，也就是交变的电流会在导体中产生感应电流，从而导致导体发热。能提供高的功率密度，在加热表面及深度上有高度灵活的选择性，设备损耗极低，不产生任何物理污染，符合环保和可持续发展方针，是绿色环保型加热工艺之一。轴承加热器优点：本产品在加热过程中能自动退磁，工件加热均匀，绝对清洁，有利于提高装配质量，节电、节油，节约厂房占地面积，而且工作效率提高4倍以上，一个操作人员就可以轻松解决装配问题，内置过热保护系统，安全可靠，绝无火警危险，无油烟污染空气，有利于环境改善和工作人员的身体健康。

2. 轴承加热器用途

系列轴承加热器用于对轴承、轴套、齿轮、联轴器、直径环等环状、筒状类的零件人批量感应加热装配，使之受热膨胀，以满足过盈装配的需要。真止能适用于生产、装配级流水线长时间的感应加热器，能适应于大部分苛刻的工作环境。

轴承加热器加热元件与平台一体化，安全、可靠、使用方便。功能包括快速设定温度、实时温度显示、超温自动保护、自动保温等。

3. 轴承加热器的工作原理

利用金属在交变磁场中产生涡流而使本身发热，通常用在金属热处理等方面。原理是较厚的金属处于交变磁场中时，会由于电磁感应现象而产生电流。而较厚的金属产生电流后，电流会在金属内部形成螺旋形的流动路线，这样由于电流流动而产生的热量就都被金属本身吸收了，会导致金属很快升温，见图 4-1 和图 4-2。

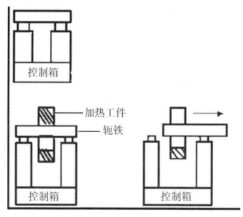

图 4-1　轴承加热器的原理图

图 4-2　轴承加热器

4. 轴承加热器的安装调试

（1）短路加热。主机为一特殊结构的变压器，可移动的轭铁用以直接穿套轴承或其他被加热工件。工作时，接通主机电源，工件（相当于副边绕组）中感应产生短路电流而被加热。

（2）将轭铁放置到主机铁芯的端面上。

（3）检查插头与插座的接线是否一致，接地应良好，然后将插头插入有控制开关的电源插座上。

（4）将功能选择开关拨到手控位置，合上电源，这时红色指示灯亮。

（5）按启动按钮，主机通电，这时绿色指示灯亮、红灯熄；按停止按钮，红灯亮、绿灯熄。至此，调试结束，可投入使用。

三、传动链的概述

传动链典型的布置方式是基于风力发电机的设计方法，同时考虑风轮与发电机系统的设计与制造能力。目前风力发电机机组传动系统的布置方式主要有以下几种。

1. 一字形

一字形布置采用的最多，见图4-3。这种布置对中性好，负载分布均匀，但主轴较短，主轴承承载较大。

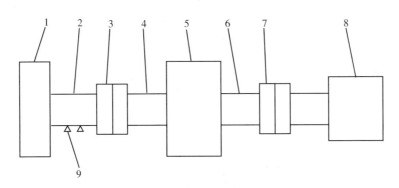

图4-3 传动系统一字形布置

1- 轮毂；2- 主轴；3，7-联轴器；4- 齿轮箱低速轴；5- 齿轮箱；

6- 齿轮箱高速轴；8- 发电机；9- 主轴承

2. 回流式

这种布置可以缩短机舱长度，增加主轴长度，减少负载分布的不均匀性，见图4-4。

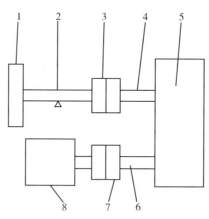

图4-4 传动系统回流式布置

1-轮毂；2-主轴；3、7-联轴器；4-齿轮箱低速轴；5-齿轮箱；6-齿轮箱高速轴；8-发电机

3. 分流式

这种布置方式使用两台发电机，用的较少，见图4-5。

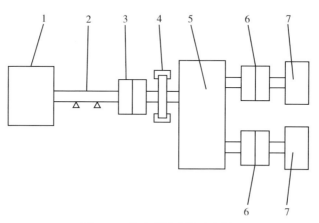

图4-5 传动系统分流式布置

1-轮毂；2-低速轴；3、6-联轴器；4-制动器；5-齿轮箱；7-发电机

4. 直驱无齿轮箱结构

直驱型风力发电机组不使用齿轮箱，采用风轮与发电机转子共用一个轴的方

式。这种方式使用零件最少，所以故障率低于齿轮箱结构。在维修困难的地方使用直驱发电机组是最佳选择，如山顶和海上。风轮不是悬臂结构，动态稳定性好、寿命长、可靠性高，见图 4-6。

图 4-6　直驱式无齿轮箱结构

5. 混合驱动结构

这种结构形式通过低速传动的齿轮箱增速，进而部分提高发电机的输出转速。这种结构结合了直驱型和传统形式的优点，见图 4-7。

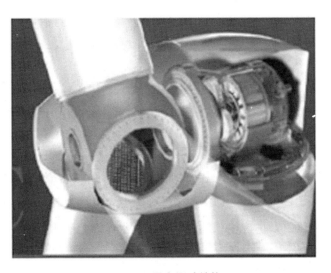

图 4-7　混合驱动结构

风力发电机组的主传动链是指风轮轴、齿轮箱和发电机之间的装配关系。主轴总成属于部件装配。主传动链装配就是使用联轴器将风轮轴、齿轮箱和发电机连接起来，见图4-8。

图4-8 传动系统总成

联轴器是一种通用机械零件，用于传动轴的连接和传递动力。由于风力发电机组常年处于变载荷的工作特点，过去的通用联轴器不适用于风力发电机组。风力发电机组使用联轴器分为刚性联轴器和挠性联轴器两大类。刚性联轴器常用在对中性好的两个轴的连接；挠性联轴器则用在对中性较差的两个轴的连接。挠性联轴器还可以提供一个弹性环节，该环节可以吸收轴系外部负载波动产生的振动。

风力发电机组设计，一般在低速端采用刚性联轴器，使主轴和齿轮箱固定在一起；在发电机与齿轮箱高速连接处采用挠性联轴器，允许两者之间有少量的同轴度装配偏差，来保障风力发电机组能够平稳工作。

双馈风力发电机的传动系统主要包含主轴、主轴承、轴承座、锁紧盘、齿轮箱、齿轮箱弹性支撑、高速制动器、弹性联轴器等。主轴与齿轮箱之间通过一个用螺栓锁紧的胀紧连接套连接。主轴采用高强度合金材料制成，能够将风轮产生的推力和弯矩通过主轴承传递至机架，并将扭矩即机械功率传递至齿轮箱。

主轴承要承受全部轴向载荷，避免轴向载荷传递到齿轮箱而对齿轮箱的可靠性产生影响。同时，主轴承和齿轮箱共同承担风轮产生的弯矩和径向载荷，主轴承是低速重载的典型应用。最后主轴承还需将风轮的转矩最大程度地传递至齿轮箱，并保持一定的自动调心以便齿轮箱可以工作在一个弹性的支撑上，以减少齿轮箱的振动和冲击。

风力发电传动系统齿轮箱主要有：一级行星齿轮和两级平行轴齿轮传动组成的齿轮箱、两级行星和一级圆柱齿轮分流传动的齿轮箱、三级平行轴圆柱齿轮箱和差动齿轮传动齿轮箱。

齿轮箱采用一级行星和两级平行轴斜齿传动结构，齿轮箱通过弹性支撑系统与机架进行连接，有效降低齿轮箱的冲击载荷和运行噪声。齿轮箱配备加热和冷却系统，使齿轮箱的齿面和轴承都获得良好的冷却。可保证机组在最高的环境温度和额定功率下保持平衡，齿轮箱的轴承和油温也受到监控，见图4-9。

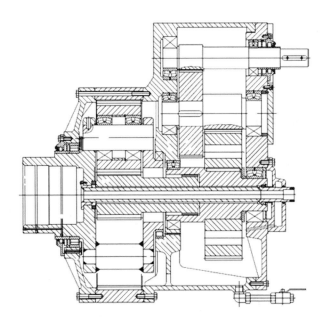

图 4-9 一级行星齿轮和两级平行轴齿轮传动组成的齿轮箱

第二节　装配主轴总成

传动系统的功能是将风能转化为机械能，这是实现风力发电的基础。主轴部件的安装包括锁定盘、主轴承装配、主轴承锁紧螺母安装、齿轮箱的清洗、主轴与齿轮箱的组对。主轴总成的装配，见图4-10。

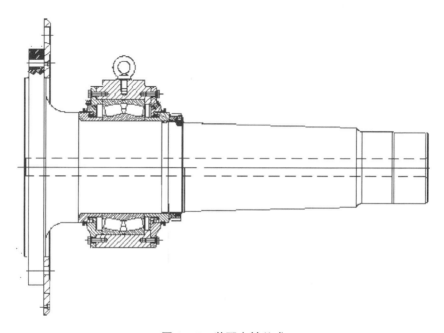

图 4-10　装配主轴总成

一、装配的基本要求

（1）按照轴承尺寸准备好所需要的量具和工具及热装加热用的工艺设备。

（2）应按照技术文件的要求检查与主轴相配合的零件的加工质量，不符合要求的零部件不允许装配。与轴承相配合的表面不应有凹陷、毛刺、锈蚀和固体颗粒。

（3）按照第一章技术要求清理零部件，用汽油或煤油清洗与轴承相配合的零件。

二、主轴总成的装配过程

（1）安装叶轮锁定盘。主轴垂直放置。用专用吊具吊起叶轮锁定盘，放置于主轴安装位置，用螺栓固定，见图4-11。**注意**：不要碰伤主轴防腐层。

图4-11 安装叶轮锁定盘

（2）安装左（前）密封环。清理干净左（前）密封环，用专用吊具吊起，放在感应加热器上加热，加热至规定温度，见图4-12。安装到主轴上，检验左密封环下端面与主轴之间无间隙，用塞尺测量，见图4-13。等冷却到室温后，在其密封槽上安装 V 形密封圈。**注意**：安装 V 形密封圈时，应注意方向。

图4-12 加热左密封环

图 4-13　安装左密封环

（3）安装左（前）端盖。将左端盖套装入主轴，见图 4-14，并在其润滑脂腔内加满规定型号的润滑脂，见图 4-15。

图 4-14　安装左端盖

图 4-15　左端盖加润滑脂

（4）安装主轴轴承。清理主轴轴承，按技术文件要求，调整感应加热器的温度值，将轴承吊至感应加热器上，加热至规定的温度，见图 4-16。

①滚动轴承装配规范。应符合《机械设备安装工程施工及验收通用规范》GB 50231 的技术要求。装配滚动轴承前，应测量轴承的配合尺寸，并将轴承清洗干净；轴承应无损伤和锈蚀，转动应灵活及无异常声响。

②装配两端可调头的轴承时，应将有编号的一端向外；装配可拆卸的轴承时，必须按内外圈和对位标记安装，不得装反或与别的轴承内外圈混装。

③有方向性要求的轴承，圆锥与圆柱轴承的装配方法基本相同。主要装配方法有机械装配法、液压法、压油法和温差法，本书主要介绍温差法装配。

④采用温差法装配时，应均匀地改变轴承的温度，轴承的加热温度不应高于 120 ℃，冷却温度不应低于 -80 ℃。

图 4-16　加热轴承

⑤套装轴承。安装轴承专用吊具，用水平仪测量并调整使轴承水平，见图 4-17；将加热好的轴承套入主轴，轴承下端面与左密封环上端面之间无间隙贴合，见图 4-18。**注意：**标有轴承出厂编号的端面朝上。安装轴承时，不能碰伤主轴防腐层。

图4-17 调整轴承水平

图4-18 安装主轴承

⑥轴承加润滑脂。轴承冷却至室温，在轴承滚动体内加入规定型号的润滑脂，见图4-19。

图4-19 主轴承加润滑脂

⑦密封。在左端盖的安装平面上涂抹规定密封胶，密封胶形状呈波浪形，无间断。

⑧安装轴承座体。清理轴承座体，见图4-20。用专用吊具将轴承座体吊起，调整吊具，使轴承座体水平。将轴承座体吊起套在轴承上，有止口的端面朝上，下表面与轴承外圈上端面无间隙贴合，见图4-21。**注意**：轴承座体上的两个加油口要与轴承上的任意两加油口对正。

图4-20　轴承座体

图4-21　安装轴承座体

⑨密封。轴承座体的上端面涂平面密封胶，形状呈波浪形，无间断。

⑩安装右（后）端盖。用吊具将右端盖吊起，套入主轴，在其润滑脂腔内加满工艺规定型号的润滑脂，见图4-22和图4-23。**注意**：套装时，不能碰伤主轴防腐层。

图 4-22　安装右端盖（1）

图 4-23　安装右端盖（2）

⑪安装右（后）密封环。将完成加热的右（后）密封环，按图 4-24 安装到位，下端面与轴承上端面之间无间隙贴合。待密封环冷却到室温后，安装 V 形密封圈。**注意**：V 形密封圈的安装方向。

图 4-24　安装右密封环

⑫安装堵头和注油嘴。安装左、右端盖堵头，在轴承座体上安装注油嘴，固定牢固。

⑬固定左、右端盖。用规定的标准件，将左、右端盖固定在轴承座体上，螺栓的螺纹旋合面涂抹规定的介质。**注意**：主轴承左、右端盖堵头的位置要对正，方向朝向轴承座体的吊环螺钉。左、右端盖螺栓的紧固方法依据规定紧固，见图4-25。

防松垫片

图4-25　安装锁紧螺母

⑭安装主轴锁紧螺母。清理干净主轴锁紧螺母和主轴的螺纹，将主轴锁紧螺母套装在主轴上，用专用工装旋紧锁紧螺母。**注意**：*安装锁紧螺母时，有螺纹孔的端面朝上。*

⑮制作与安装防松片。将主轴锁紧螺母紧固到位，根据锁母的止口与主轴止口的相对位置关系，配做主轴螺母防松片。用规定的紧固件固定牢固，螺栓涂抹规定的介质，见图4-25。

⑯后处理。清理干净轴承座体，左、右端盖，左、右密封环，主轴锁紧螺母和防松片的金属裸露面，固定螺栓做防腐处理。装配完成的主轴总成，见图4-26。

图 4-26　主轴总成

第三节　装配主轴总成和齿轮箱

风力发电机的风力发电机组中，除了直驱式以外，其他形式的机组都有齿轮箱，而且齿轮箱是传动中的主要零部件。齿轮箱按用途不同可分为减速齿轮箱和增速齿轮箱。在风力发电机组传动系统中，齿轮箱的作用是将风轮动力传递给发电机，并使其得到相应的转速。由于机组风轮转速相对较低，为满足发电机的工作条件，在风轮和发电机之间就必须有齿轮箱来增速，所以也将其称为增速箱。

一、清洗齿轮箱

（1）加注齿轮箱清洗油。安装清洗油泵和油管。**注意**：吸油口必须浸入油面以下。开启专用油泵直到清洗油全部抽入齿箱，停止清洗泵，见图 4-27。

出油口

吸油口

图 4-27　清洗油泵

（2）安装盘车器。如图 4-28 所示，借用齿轮箱上安装高速制动器的螺纹孔安装盘车器。

图 4-28　安装盘车器

（3）清洗油循环。安装油管，启动盘车器，盘动齿轮箱的高速刹车盘，使油箱内的清洗油充分循环，达到工艺规定时间，停止油泵。清洗油循环时必须检查各润滑管路的接头，如果有渗漏必须及时进行处理，见图 4-29 和图4-30。

图 4-29　加清洗油

图 4-30　清洗油循环

（4）抽出清洗油。将清洗油泵的出油管从齿箱的分配器上拆下，插到储油筒内，启动油泵，将齿箱内的清洗油抽入储油筒。**注意**：清洗时，将齿轮箱倾斜一定角度，将齿轮箱内的清洗油抽干净。

（5）后处理。用汽油和大布将齿轮箱的外部清理干净。

二、安装齿轮箱弹性支撑轴和弹性衬套

（1）齿轮箱弹性轴总成，按照装配图进行装配，见图 4-31。

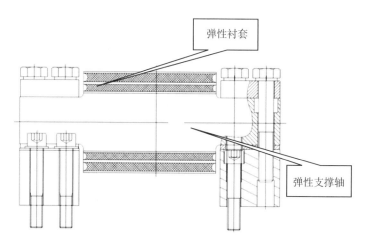

图 4-31　弹性轴结构图

（2）清理。清理齿轮箱安装孔和弹性轴。

（3）安装。将下弹性衬套装入孔内，与低速端端面平齐。将齿轮箱弹性支撑轴装在弹性衬套上面。安装弹性衬套和弹性轴，见图 4-32；安装工装，见

图 4-33。

图 4-32 安装弹性衬套和弹性轴

图 4-33 安装工装

（4）调整。调整齿轮箱弹性支撑轴的尺寸，使其符合技术文件的规定尺寸，见图 4-34 和图 4-35。

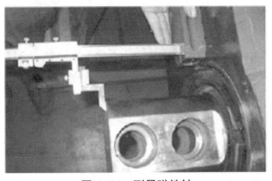

图 4-34 测量弹性轴

图 4-35 调整弹性轴

三、安装高速刹车盘

（1）安装高速刹车盘。安装前先检查高速刹车盘（制动盘）的集合尺寸、表面粗糙度、清洁度等是否满足技术要求。检查盘面跳动应符合要求。将清理干净的高速刹车盘，套在齿轮箱的高速轴上。将轴套法兰均匀加热到工艺规定的温度，将法兰套在主轴上，用专用工装固定，等轴头法兰冷却到室温，拆下固定工装，见图 4-36。用螺栓将轴套法兰固定在齿箱高速轴上。按规定力矩值紧固螺栓，见图 4-37。

图 4-36 安装高速刹车盘和轴头法兰

图 4-37 紧固螺栓

（2）调整与紧固高速刹车盘。将百分表指针靠在高速刹车盘的圆周上，保证高速刹车盘的平面度小于等于随机技术文件的规定值，如不合格，在高速刹车盘和轴头法兰端面之间加调整垫调整，见图 4-37。螺栓紧固力矩值为随机技术文件规定值，分三次紧固，初拧、复拧和终拧在同一天内完成。

四、主轴与齿轮箱的组对

（一）胀紧连接套介绍

主轴与齿轮箱装配需要使用胀紧连接套，因此要先把胀紧连接套介绍一下。

1. 胀紧连接套（简称胀套）的主要用途

代替单键和花键的连接作用，以实现机件与轴的连接，用以传递负荷。它使用时通过高强度螺栓的作用，使内环与轴之间、外环与轮毂之间产生巨大抱紧力；当承受负荷时，靠胀套与机件的结合压力及相伴产生的摩擦力传递扭矩，轴向力或二者的复合载荷。

胀紧连接套是一种新型传动连接方式，胀套连接具有以下独特的优点。

（1）使用胀套使主机零件制造和安装简单。安装胀套的轴和孔的加工不像过盈配合那样要求高精度的制造公差。胀套安装时无须加热，冷却或加压设备只需将螺栓按要求的力矩拧紧即可。调整方便，以将轮毂在轴上方便地调整到所需位置。胀套也可用来连接焊接性差的零件。

（2）胀套的使用寿命长，强度高。胀套依靠摩擦传动，对被连接件没有键槽削弱，也无相对运动，工作中不会产生磨损。

（3）胀套在超载时，将失去连接作用，可以保护设备不受损害。

（4）胀套连接可以承受多重负荷，其结构可以做成多种样式。根据安装负荷大小，还可以多个胀套串联使用。

（5）胀套拆卸方便，且具有良好的互换性。由于胀套能把较大配合间隙的轴毂结合起来，拆卸时将螺栓拧松，即可使被连接件容易拆。胀紧时，接触面紧密贴合不易锈蚀，也便于拆开。

2. 胀紧连接套使用须知

使用前详细阅读随机技术文件的规定，无规定时应符合以下要求：

（1）被连接件的尺寸的检验，应符合现行国家标准《光滑极限量规技术条件》GB/T 1957 和《光滑工件尺寸的检验》GB/T 3177 的有关规定；其表面应污物、锈蚀和损伤；在清洗干净的胀紧连接套表面的被连接件的结合表面上，应均匀涂一层不含二硫化钼等添加剂的薄润滑油。

（2）胀紧连接套应平滑地装入连接孔内，且防止倾斜，胀紧连接套螺钉应用力矩扳手对称、交叉、均匀地拧紧；拧紧时应先以力矩值的 1/3 拧紧，再以力矩值的 1/2 拧紧，最后以拧紧力矩值拧紧，并以拧紧力矩值检查全部螺钉，拧紧力矩应符合设计的规定，无规定时，可按国家现行标准《胀紧连接套型式与基本尺寸》JB/T 7934 的有关规定确定。

（3）安装的注意事项。

①确认现品是否与配置机械的型号一致。

②胀紧连接套的组件部分绝对不能使用含钼或硅添加剂。

③本品指定使用性能等级为 12.9 级螺栓，切勿用其他螺栓代替。

④安装胀紧连接套过程，请勿强行敲打。

（4）安装完毕后，应在胀紧连接套外露面及螺钉头部涂上一层防锈油；在腐蚀介质中工作的胀紧连接套，应采用专门的防护装置，如图 4-38 和图4-39。

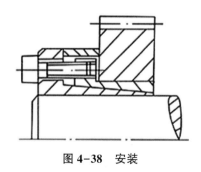

图 4-38　安装

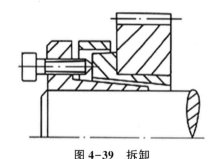

图 4-39　拆卸

3. 胀紧连接套安装方法

（1）先将胀紧连接套表面和被连接件的结合面擦拭干净，均匀涂上一层薄润滑油（不应含二硫化钼或硅添加剂）。

（2）把被连接件椎入移到轴上，使达到设计规定的位置。将拧松螺栓的胀紧连接套平滑地装入连接空处，要防止被连接件的倾斜，然后用手将螺栓全部拧紧。

（3）胀紧连接套螺栓应使用力矩扳手，按对角线交叉、均匀地拧紧螺栓，并按步骤：①以 1/3 Ma 值拧紧；②以 1/2 Ma 值拧紧；③以 Ma 值拧紧；④以 Ma 值检查全部螺栓。（螺栓拧紧力矩值为 Ma。）

4. 胀紧连接套拆卸方法

（1）在确认无任何负载后缓慢松下螺栓，但不要将螺栓全部拧出。

（2）将取下的螺栓旋入前压板的辅助螺纹孔中，并拧动螺栓顶住 L 压板，直至胀紧连接套松动，然后轻敲拉动螺栓，即可将胀紧连接套拉出。

5. 胀紧连接套防护须知

（1）安装完毕后，在胀紧连接套外露端面及螺栓头部，涂上一层防锈油渍。露天作业或工作环境较差的机器，定期在胀紧连接套外露端面涂防锈油渍。

（2）需在腐蚀介质中工作的胀紧连接套，应采用专门的防护，以防止胀套生锈。

6. 胀紧连接套安全事项及再使用

（1）本品如用于升降机械上，或载人机械上时，应设置安全装置，以确保安全。

（2）在受载情况下，绝对禁止松动螺栓。

（3）再使用时要确认胀紧连接套组件无污物、无腐蚀、无损伤后，才能使用。

（二）主轴总成与齿轮箱的装配

（1）清理。清理干净齿轮箱的高速刹车盘、法兰轴套和低速轴内外表面。

（2）安装胀紧连接套。拆卸胀紧连接套上的连接螺栓，螺栓涂固体润滑膏。将胀紧连接套的内圈取出，清理干净锁紧盘内、外圈，内圈外在锥面上均匀涂抹一层规定的润滑脂。再将内圈重新装入胀紧连接套外圈，用手旋紧连接螺栓，见图4-40。

图4-40　安装胀紧连接套

（3）安装胀紧连接套。用专用吊具将胀紧连接套吊起，安装到齿轮箱的低速端，胀紧连接套后端面紧靠安装止口，见图4-40。

（4）调整主轴水平。为了保证装配安全，应准备好装配主轴和齿轮箱的支架。齿轮箱固定在专用支架上。安装主轴调整吊具。将主轴水平放置在工装上，见图4-41和图4-42。重新安装吊具，调整高度，使主轴呈水平状态。将主轴安装面外圆面和齿轮箱主轴安装孔内表面用规定的清洗剂擦洗干净。

图 4-41　主轴位置调整

图 4-42　吊点捆扎

（5）组对主轴与齿轮箱。调整主轴水平，对正齿轮箱安装孔，将主轴装进齿轮箱安装孔，齿轮箱安装孔的端面与主轴上的标记线重合。

（6）检验。检验主轴的装配尺寸，测量叶轮锁定盘外侧到齿轮箱弹性轴安装面的距离为规定值，见图 4-43。测量齿轮箱主轴安装孔的深度，并在主轴相应位置做标记，见图 4-44。

图 4-43　测量齿轮箱孔深度

图 4-44　测量主轴的配合长度

（7）紧固连接螺栓。螺栓力矩值应符合胀紧连接套随机技术文件的规定，见图4-45和图4-46。

图4-45　组对好的主轴齿轮箱　　　　图4-46　组对好的主轴齿轮箱

（三）安装高压油管焊合（叶尖油管）

主轴和齿轮箱组对完成，安装高压油管。液压站通过该油管给3个叶片液压缸供液压油。

（1）清洗。清理干净高压油管焊合管。

（2）安装定位尼龙套。用紧定螺钉将两个尼龙套分别固定到距叶尖油管的规定位置。

（3）安装叶尖油管。将叶尖油管从主轴中心孔推入主轴。用螺栓将叶尖油管一端固定板固定到主轴上，另一端用尼龙套固定在齿轮箱高速轴端，见图4-47和图4-48。

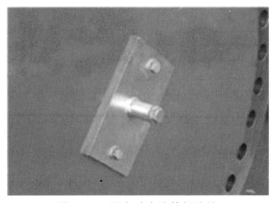

图4-47　固定叶尖油管低速端

图 4-48　固定叶尖油管高速端

（4）测试。待连接叶尖油管的各油管安装完毕后，机组做拖动试验时，检查叶尖油管有无泄漏。如有漏油，重新安装检查。

（四）安装主轴及齿轮箱总成

（1）安装吊具。安装专用吊具，将主轴和齿轮箱总成吊起，调整好位置放到底座的齿轮箱支撑座上，见图 4-49 和图 4-50。

图 4-49　安装齿轮箱及主轴的吊具

图 4-50　齿轮箱的固定

（2）固定齿轮箱。在齿轮箱弹性支撑轴两端分别垫上齿轮箱支撑压板，按照工艺文件的规定，用螺栓将齿轮箱固定在底座上，螺栓涂抹规定的润滑介质。螺栓紧固按本书第一章内容要求紧固，见图 4-50。

（3）紧固主轴。主轴的轴承座安装孔对正后，用螺栓将主轴固定在底座上，螺栓的螺纹旋合面和螺栓头部与垫圈接触面涂固体润滑膏。螺栓涂抹规定的润滑介质，螺栓紧固按本书第一章内容要求紧固，见图4-51。

图 4-51　轴承座的固定

（4）后处理。齿轮箱和主轴安装完成后，做防腐和防松标记，见图4-52。裸露的零部件金属表面做防腐处理。

图 4-52　防腐、防松标记

第四节　传动链的调整

主轴齿轮箱组件与发电机装配采用挠性联轴器连接。安装之前需要先调整发电机与齿轮箱的同轴度。分为机械调中（百分表）和激光调中两种，主要介绍激光调中。

用激光对中仪按照技术要求进行发电机轴线与齿轮箱输出轴轴线的找正。主轴齿轮箱部件已经固定，只能调整发电机。高低方向调整发电机 4 个弹性支撑进行调整，左右方向通过弹性支撑上腰型孔来调整四个弹性支撑的位置，实现左右移动发电机。找正后按照规定的力矩要求将发电机安装螺栓紧固。详细安装过程如下。

（1）吊装。安装发电机专用吊具。将双馈发电机吊起，使前端比后端高出规定角度。

（2）清理。按第一章清理零部件的要求，清理干净发电机相关零部件。

（3）固定发电机。用螺栓将发电机固定在底座的弹性支撑上，见图 4-53。

图 4-53　安装发电机

（4）安装调整工装。用螺栓将发电机底座的调中架工装安装在发电机的右侧、前端和后端。

（5）机械对中。用螺栓将发电机调中工装固定在发电机的轴头上，将磁力表座和百分表固定在发电机调中工装上，在高速刹车盘端面安装百分表 1 测量端面误差，在齿轮箱轴套法兰的圆周上安装百分表 2 测量圆周误差、圆周上下误差、圆周左右误差、端面上下误差、端面左右误差，误差要达到随机技术文件的规定值。

（6）激光对中。将激光对中仪的 MOVABLE 表座安装在发电机的输入轴端。将激光对中仪的 STATIONARY 表座安装在变速箱的输出轴端。连接好激光对中仪各部件。调整发电机，使激光对中仪的参数符合随机技术文件的规定值。

（7）固定。发电机和齿轮箱对中调整合格后，用螺栓将发电机固定在弹性支撑上。弹性支撑固定在底座上。

（8）后处理。拆下发电机调中全部工装。发电机和底座上裸露金属面做防腐处理。

复习思考题

1. 主轴与齿轮箱，用什么零部件连接？优缺点是什么？

2. 简述轴承加热原理和使用方法。

3. 传动链主要由哪些零部件组成？

4. 简述膜片联轴器的优缺点。

5. 齿轮箱与发电机如何调中？

第五章 联轴器、制动器、液压站的安装和调整

学习目的：

1. 了解联轴器、制动器和液压站的安装方法。

2. 了解制动器调整方法。

3. 了解液压管路的安装方法。

第一节 联轴器和制动器的安装和调整

一、膜片联轴器

主轴齿轮箱组件与发电机的装配采用挠性联轴器连接。挠性联轴器分为无弹性元件联轴器（如万向联轴器）、非金属弹性元件联轴器（轮胎联轴器）和金属弹性元件联轴器（膜片联轴器）。主要介绍一下膜片联轴器：

膜片联轴器采用一种厚度很小的弹簧钢片制成各种形状，用螺栓分别与主、从动轴上的两个半联轴器连接。结构见图 5-1，其弹性元件为若干多边形的膜片，在膜片的圆周上有若干个螺纹孔，见图 5-2。为了获得相对位移，常采用中间为轴、两端各一组膜片组成两个膜片联轴器，分别与主、从动轴连接。膜片联轴器有四角、六角、八角、十角等形式。

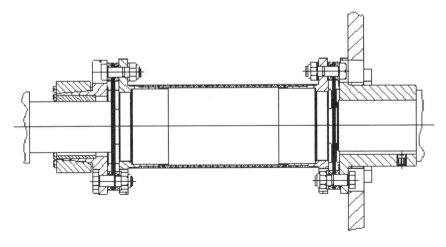

图 5-1 膜片联轴器结构图

图 5-2 膜片

　　膜片联轴器通过膜片的挠性吸收轴线间的三向偏移，改善工作条件。膜片联轴器能提供大的转矩，而且具有结构简单、加工方便、不需润滑等优点。

　　膜片表面应光滑、平整，并无裂纹等缺陷，半联轴器及中间轴应无裂纹、缩孔、气泡、夹渣等缺陷；膜片联轴器的允许偏差应符合随机文件的规定。

二、安装发电机轴套法兰和联轴器总成

　　（1）清理。检查发电机键槽和发电机轴套法兰键槽。清理干净发电机轴头、轴套法兰、膜片联轴器和信号盘，见图 5-2~图 5-5。

（2）安装轴套法兰。将信号盘套在发电机的轴上。加热轴套法兰到规定温度，将轴套法兰套入发电机轴，用卡尺测量发电机轴套法兰端面到齿轮箱轴套法兰端面的距离度，调整发电机轴套法兰的位置。

（3）安装联轴器总成。将膜片及联轴器中间体，按图 5-1 位置安装，螺栓的螺纹端朝向中间体的方向（中间位置），旋紧螺母，中间体上的大小连接孔与两端的轴套法兰上大小孔错开安装。螺栓紧固按照第一章紧固要求紧固。

注意：将中间体有力矩限制器的一端安装在发电机端，见图 5-5。

（4）安装信号盘。用螺栓将发电机转速传感器信号盘固定在发电机轴套法兰上，螺栓的紧固力矩为随机技术文件规定值。

（5）后处理。清理干净各零部件，做防腐和放松处理。

图 5-3 发电机轴套法兰

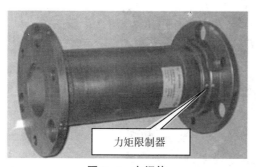

力矩限制器

图 5-4 中间体

图 5-5 安装发电机联轴器

三、安装高速制动器

高速制动器一般安装在齿轮箱输出轴上，装配方法如下：

（1）安装高速制动器的技术要求，要符合随机文件的规定。将刹车片用螺栓固定在高速制动器上，见图5-6。

图5-6　安装刹车片

（2）安装。用专用吊具吊装高速制动器。调整高速制动器的位置，用调整垫调整两侧间隙均匀，见图5-7和图5-8。用螺栓紧固，紧固要求见本书第一章内容。

图5-7　吊装高速制动器

图 5-8　安装高速制动器

（3）后处理。在高速制动器固定块的裸露金属面刷防锈油。

四、安装偏航制动器

偏航系统的主要作用有两个：其一是与风力发电机组的控制系统相互配合，使风力发电机组的风轮始终处于迎风状态，充分利用风能，提高风力发电机组的发电效率；其二是提供必要的锁紧力矩，以保障风力发电机组的安全运行。偏航制动器安装在底座上，安装结构图见图 5-9。在底座与制动器之间加调整垫，来保证制动器的上下刹车片距离上车盘距离相等，用塞尺测量间距。安装方法如下：

（1）清理。清理底座上偏航制动器的安装面及螺纹孔。

（2）安装。将偏航制动器按上闸体、中间垫块、下闸体依次安装，先用规定螺栓预紧。加偏航刹车调整垫片调整间隙，间隙要符合制动器厂家随机文件的技术。用塞尺测量间隙。偏航刹车上下闸体必须按编号成对安装，注意调整垫片要加在下闸体与底座之间，见图 5-9 和图 5-10。

（3）固定。将偏航制动器间隙调整合格后，按力矩要求紧固固定螺栓，螺栓的螺纹旋合面和螺栓头部与垫圈接触面涂固体润滑膏，螺栓对称紧固。

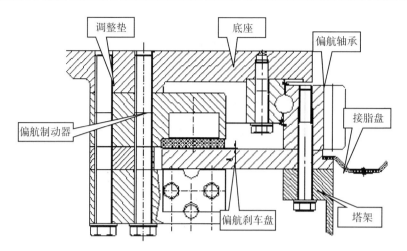

图5-9　偏航制动器的安装结构图

图5-10　测量刹车间隙

第二节　液压系统的安装和调整

一、液压系统的概述

液压系统的安装包括管道安装、液压元件安装和系统清洗。液压系统的工作是否稳定可靠，一方面取决于设计是否合理；另一方面取决于安装的质量。精心的、高质量的安装会使液压系统运转良好，减少故障的发生。

安装人员要熟悉技术文件的具体技术要求，要逐项了解。深入研究液压原理图、电气原理图、管道布置图、液压元件、辅件清单等。

液压元件及安装材料在运输或库存过程中极易被污染和锈蚀，库存时间过长会使液压元件中密封件老化而丧失密封性，游行液压元件由于加工及装配质量不良使性能不可靠，所以必须对液压元件进行严格的检查。

1. 液压系统的基本组成

液压系统是由元件和液压回路构成的，元件是由数个不同的零部件构成，用以完成特定功能的组件，这些元件有些是通用的、标准化的。液压回路是完成某种特定功能，由元件构成的典型环节。

液压系统元件包括动力元件、执行元件、控制元件以及辅助元件，另外液压系统还包含液压油。

（1）动力元件。动力元件是指供给液压系统压力油，把电动机输出的机械能转换成液压能，从而推动整个液压系统工作的装置，如液压泵。

（2）控制元件。控制元件是指各种液压阀，其作用是在液压系统中控制和调节液体的压力、流量和流动方向，以及信号的转换和放大。

（3）执行元件。执行元件用于将液压能转换为机械能，以驱动工作部件运动，形式有做直线运动的液压缸、做旋转运动的液压马达、做摆动的液压摆动马达。

（4）辅助元件。辅助元件是除上述装置以外的其他装置，主要包括各种管接头、油管、油箱、过滤器、蓄能器、热交换器、密封装置和压力计等。它们起着连接、储油、过滤、储存压力能和测量油压、检测等辅助作用，保证液压系统可靠、稳定、持久地工作。

（5）工作介质。液压系统工作介质是液压油，它是液压系统传递能量的流体，有各种矿物油、乳化油和合成型液压油等几大类。

2. 液压传动的工作原理

液压传动的基本工作原理是：液压系统利用有压力的油液作为传递动力独断的工作介质，将油液的压力能又转换成机械能。

二、安装液压站

（1）按照液压原理图，安装液压站上各液压管路。

（2）安装时，必须注意各油口的位置，不能接反和接错。

（3）油管必须用防锈清洗。清洗过的油管，如不及时装配，必须对管口进行封堵。

（4）管路上液压阀，要核对型号、规格。必须有合格证，并确认其清洁度。

（5）核对密封件的规格、型号、材质及出厂日期（应在使用期内）。

（6）装配前再一次检查管路上孔道是否与设计图纸一致。

（7）检查连接螺栓，力矩值应符合液压阀制造厂的规定。

（8）管路的安装。防止液压元件受到污染。

（9）管道布置要整齐，油管程度要尽量短，管道的直角转弯应尽量少，刚性差的油管要进行可靠的刚性固定。管路复杂时，要将其高压油管、低压油管、回油管和吸油管分别涂上不同颜色，进行区分。

（10）吸油管的高度一般不大于 50 mm。溢流阀的回油管不应靠近泵的吸油管口，以免吸入温度较高的油液。

（11）回油管应伸到油箱液面以下，以防油液飞溅而混入气泡。回油管应加工成 45°斜角。

（12）液压站油管的固定。用液压钢管固定板、油管卡子和液压站油管固定，螺栓涂螺纹锁固胶。

（13）液压站的加油和吊装。用专用加油泵给液压站加入规定的液压油。安装吊具，将液压站吊置在底座的安装位置，用螺栓紧固，螺栓涂螺纹锁固胶，见图 5-11 和图 5-12。

（14）后处理。将液压站分配块裸露金属面、液压胶管的金属连接部分和液压油管刷防锈油，要求清洁、均匀、无气泡。

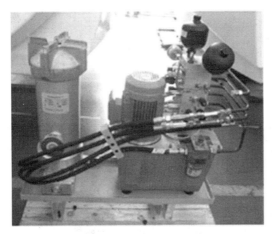

图 5-11　安装液压站油管

图 5-12　安装液压站

三、安装偏航液压油管

（1）准备，制作油管。按图纸制作油管。清理干净油管。查看偏航油管总成的图纸，分清各种油管规格和安装位置。

（2）安装油管。拆除偏航制动器上的堵头，在相应的位置上安装直通管接头。**注意**：每个直通管接头上带有一个密封圈。先安装各偏航制动器的进油管，再安装各偏航制动器之间的连接油管。连接油管时，应尽量将油管推到管接头底部，且卡套螺母能用手轻松旋紧，然后再用扳手拧紧螺母，见图 5-13 和图5-14。

（3）安装管卡。先用螺栓将油管卡子固定在底座上，螺栓涂螺纹锁固胶，再用螺栓将偏航油管固定在油管卡子上。

（4）测试，检查渗漏。各油管安装完毕后，用专用设备进行压力测试，压力为规定压力，保压规定时间。如有漏油，重新检查安装。

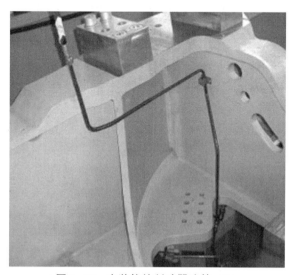

图 5-13　安装偏航制动器油管（1）

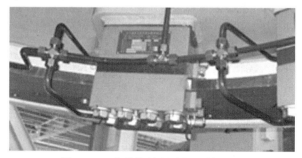

图 5-14　安装偏航制动器油管（2）

四、安装高速制动器的液压站油管和旋转接头

（1）安装旋转接头。按照液压图纸安装，将旋转接头和叶尖油管连接牢固，工作时无泄漏，见图 5-15。**注意**：应垫铜垫片。

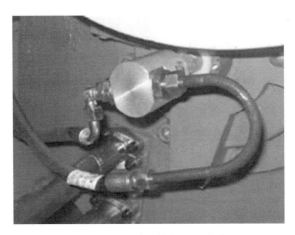

图 5-15　安装旋转接头和油管

（2）安装液压管路。按照图纸安装左右两侧高柱制动器油管，油管连接到液压站规定的管接头上，见图 5-16。

（3）固定高速制动器油管。用管卡和螺栓固定牢固，见图 5-16。

图 5-16　安装高速制动器油管

（4）后处理。钢质油管和胶管的金属接头刷防锈油。

（5）测试。待各油管安装完毕后，机组做拖动试验时，检查各油管有无泄漏。如有漏油，重新安装检查。

**复习思考题**

1. 简述膜片联轴器的结构及安装过程。

2. 简述高速制动器的安装过程。

3. 简述偏航制动器的安装过程。

4. 液压系统元件主要包含几部分？

5. 简述安装液压站和润滑管路的注意事项。

第六章　发电机系统安装与调整

学习目的：

1. 能够了解发电机的结构。

2. 能够掌握发电机系统的安装方法。

3. 能够正确使用吊装吊具。

风力发电机是将风能转换成电能的电磁装置。发电机的种类、形式繁多。但是对于不同结构和特点的发电机，其工作原理都是基于电磁感应定律和电磁力定律。在原动机的带动下，发电机中的线圈绕组切割磁感线，在线圈绕组上就会有感应电动势产生。相对于磁极而言，产生感应电动势的线圈绕组通常称为电枢绕组。发电机的基本组成部分都是产生感应电动势的线圈（即电枢），和产生磁场的磁极或线圈。

风力发电机的整体结构通常由定子、转子、端盖、机座以及轴承等部件构成。定子是指不转动的部分，主要包括定子铁芯、定子绕组、机座、接线盒以及固定这些部件的其他构件；转动的部分叫转子，转子主要包括转轴、转子铁芯（磁轭、磁极绕组）、转子绕组、集电环（又称滑环）、风扇等部件。由轴承和端盖将发电机的定子、转子连接组装起来，使转子能在定子中旋转，做切割磁感线运动，产生感应电动势，通过接线端子引出，接在回路中，便产生了电流。

风力发电机类型很多，按照输出电流的形式可以分为直流发电机和交流发电机两大类。其中直流发电机还可以分为永磁直流发电机和励磁直流发电机；交流发电机又可分为同步发电机和异步发电机。

异步发电机也称为感应发电机，它的典型特点是转子旋转磁场与定子旋转磁场不同步，即"异步"。它是利用定子与转子间的气隙旋转磁场与转子绕组中产生感应电流相互作用的交流发电机，即"感应发电机"；同步发电机的定子磁场是由转子磁场引起，并且它们之间总保持一先一后的等速同步关系，因此称为同步发电机。

目前在风力发电机组中，两种最具有竞争能力的结构形式是异步电机双馈式机组和永磁同步电机直接驱动式机组。大容量的机组多采用这两种结构，下面分别加以介绍。

第一节　双馈异步发电机的装配

双馈异步发电机用于变桨距、变速的风力发电机组。双馈式变速恒频风力发电机组是目前国内外风力发电机组的主流机型。

双馈异步发电机又名交流励磁异步发电机，结构上类似于绕线异步发电机，有定子和转子两套绕组。定子结构与普通异步发电机相同，转子结构带有集电环和电刷，见图6-1。与绕线转子异步发电机和同步发电机不同的是，转子侧可以加入交流励磁，转子的转速与励磁频率有关，既可以输入电能也可以输出电能，既有异步电机的某些特点，又有同步电机的某些特点。

双馈异步发电机实际上是异步发电机的一种改进，可以认为它由绕线转子异步发电机和在转子电路上所带交流励磁器组成。同步转速之下，转子励磁输入功率，定子侧输出功率；同步转速之上，转子与定子均输出功率，"双馈"的名称由此而得。双馈异步发电机实行交流励磁，可以调节励磁电流幅值、频率和相位，控制上更加灵活，改变转子励磁电流频率，可以实现变速恒频运行。既可调节无功功率，又可调节有功功率，运行稳定性高。

双馈式风力发电机组的结构见图6-2。双馈风力发电机组风轮将风能转变为机械转动的能量，经过齿轮箱增速驱动异步发电机，应用励磁变流器励磁而将发电机的定子电能输入电网。如果超过发电机同步转速，转子也处于发电状态，通过变流器和电网馈电。

齿轮箱可以将较低的风轮转速变为较高的发电机转速。同时也使得发电机易于控制，实现稳定的频率和电压输出。

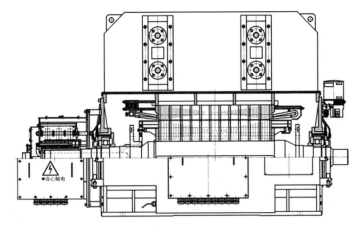

图 6-1　双馈风力发电机基本结构图

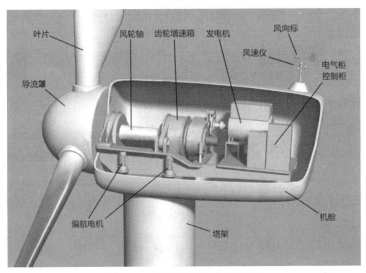

图 6-2　双馈异步风力发电机

　　交流励磁变速恒频双馈发电机组的优点是：允许发电机在同步速上下30%转速范围内运行，简化了调整装置，减少了调速时的机械应力，同时使机组控制更加灵活、方便，提高了机组运行效率；需要变频控制的功率仅是电机额定容量的一部分，使变频装置体积减小，成本降低，投资减少；并且可以实现有功、无功功率的独立调节。

　　交流励磁变速恒频双馈发电机组的缺点是：必须使用齿轮箱，然而随着风电机组功率的升高，齿轮箱成本变得很高，且易出现故障，需要经常维护，同时齿轮箱也是风力发电系统产生噪声污染的一个主要因素；当低负荷运行时，效率低；电机转子绕组带有集电环、电刷，增加维护工作量和故障率；控制系统结构复杂。

双馈异步发电机的主传动链是指主轴、齿轮箱及发电机之间的装配关系。传动系统主要包含主轴、主轴承、轴承座、锁紧盘、齿轮箱、齿轮箱弹性支撑、高速制动器、弹性联轴器等部件，前面已经讲述了传动链的装配与调整，本节主要讲述双馈异步发电机的安装。

一、双馈异步发电机的安装

1. 双馈异步发电机弹性支撑的装配

发电机弹性支撑是一种多层橡胶和多层钢板硫化而成的弹性体，再与上壳和底板组装在一起的隔振装置，适用于风力发电机等高速旋转机械的减振，具有良好的减振性能，能有效降低发电机的冲击载荷和运行噪声，并且还能实现垂向的高度调节与横向的位置调节，能很好地实现发电机与联轴器的对中，且安装方便、更换简单。

（1）准备好检验合格的发电机弹性支撑、标准件及外购件等零部件，核对其规格、型号和数量。

（2）准备好安装发电机弹性支撑的工具、量具等工艺装备，如卷尺、力矩扳手、生产辅料等。

（3）清理。用清洗剂和大布将发电机弹性支撑总成的安装面和底座上弹性支承的安装面清理干净。

（4）安装。用螺栓等紧固件将发电机弹性支撑总成分别固定在底座上。**注意**：发电机弹性支承总成中连接板长孔的长轴线必须和底座的中轴线垂直，这样能满足发电机轴向调整、弹性支撑径向调整，见图6-3。

（5）调整。将连接发电机弹性支撑与底座发电机支架的螺栓、垫圈等紧固件，用手带上即可，待发电机组调中完成后再紧固力矩，调整发电机弹性支撑总成的调整螺母，使弹性支撑的基准面与底座安装面的高度为弹性支撑的初始高度。调整螺母的有效旋合高度，见图6-4。

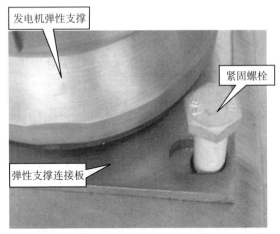

图 6-3　固定发电机弹性支撑

图 6-4　安装发电机弹性支撑

2. 发电机的吊装

（1）准备好检验合格的发电机、标准件及外购件等零部件，核对其规格、型号和数量。

（2）准备好吊装发电机的工装吊索具等工艺装备，如工装、发电机吊具、吊带、卸扣、生产辅料等。**注意**：正确选取吊带、卸扣和吊环螺钉，如吊带规格、长度和数量，卸扣和吊环的规格等；正确使用力矩扳手（或液压扭矩扳手）和行车等。

（3）清理。用清洗剂和大布清理发电机表面的油污，用角向磨光机清理干净电机安装面上多余油漆和锈迹，见图 6-5。

（4）吊装。用发电机专用吊具将发电机吊起，使发电机安装面与底座安装面平行，将发电机平稳放置在底座的发电机弹性支撑上，用垫圈调整高度，见图6-6。**注意：** 底座上发电机的安装面不是水平的，与水平面有夹角，发电机的吊具是按此进行设计、制作，所以发电机吊起后，检查发电机安装面与底座安装面是否平行，可适当微调。

图6-5　清理发电机

图6-6　安装发电机

二、双馈异步发电机的调整

双馈异步风力发电机组主传动链由低速轴、轴承、齿轮箱、高速轴、联轴器、发电机等几大部件组成，它们在连接装配时，保证对中性难度非常大。为了保证装配的同轴度，在风力发电机组的设计中，是通过在主轴与齿轮箱低速轴连接处即低速轴端采用刚性联轴器，使主轴与齿轮箱固结为一体；而在发电机与齿轮箱高速轴连接处采用挠性联轴器，允许两者之间有少量的同轴度装配偏差，来保障风力发电机组能够平稳运行，降低设备振动和噪声。下面以一种异步风力发电机为例，介绍发电机（高速轴）与齿轮箱（低速轴）同轴度（对中）的调整方法。

1. 发电机对中的调整方法

（1）准备发电机对中调整的工装器具等工艺装备，如调中工装、千斤顶、磁力表座、百分表、工装螺栓等。

（2）调整。用调节螺栓将发电机调中工装（见图 6-7）安装在发电机的右侧，将机械千斤顶安装在发电机的前端，将液压千斤顶固定在发电机的后端，见图 6-8。将发电机前端调中工装和发电机后端调中工装分别安装在发电机前后端两侧，见图 6-9~图 6-11。根据现场实际情况，加减后端调中工装调整垫块来调整发电机。用 2 个螺栓将发电机调中工装固定在发电机的轴头上，将磁力表座和百分表固定在发电机调中工装上，见图 6-12。

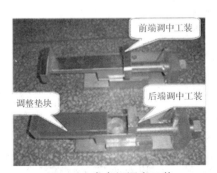

图 6-7 发电机调中工装

图 6-8 安装机械千斤顶

图 6-9 安装前端调中工装

图 6-10 安装后端调中工装（无垫块）

图 6-11　安装后端调中工装（有垫块）

图 6-12　安装百分表

2. 机械对中的方法

在高速刹车盘的直径处安装百分表 1 测量端面误差，在齿轮箱轴套法兰的圆周上安装百分表 2 测量圆周误差。圆周上下误差（发电机高于齿轮箱）、圆周左右误差、端面上下误差（上端面小于下端面，下张口）以及端面左右误差均符合《机械设备安装工程施工及验收通用规范》GB 50231 的 5.3 联轴器装配的要求，见图 6-12。

3. 激光对中的方法

激光对中仪的对中过程中一般需要将其中一台机器作为基准，称为固定端 S，在风力发电机传动系统中齿轮箱就是固定端；然后测量与另外一台机器（移动端 M，在风力发电机传动系统中发电机就是移动端），在水平和竖直两个方向上不对中的程度（径向偏差和角度偏差），通过几何关系计算得到水平方向和垂直方向的偏差值、调整量：偏差值用来作为衡量不对中程度的标准，调整量用来指导移动端机器的水平方向移动和竖直方向垫片的增减。

4. 激光对中仪的操作

（1）组装测量单元。

（2）将激光对中仪的 MOVABLE 表座（测量单元）紧紧地固定在发电机的输入轴端（移动端设备），见图 6-13。

（3）将激光对中仪的 STATIONARY 表座（测量单元）固定到变速箱的输出轴端（固定端），见图 6-14。

图 6-13　安装激光对中仪 MOVABLE 表座

图 6-14　安装激光对中仪 STATIONARY 表座

（4）将激光对中仪按图 6-15 安装好，用千斤顶调整发电机，保证齿轮箱和发电机的同轴度、夹角。根据激光对中仪在 3 点和 9 点的读数来调整发电机前后位置，根据 12 点读数调整发电机上下位置，最后确定发电机弹性支撑调整高度。

图 6-15　安装激光对中仪各部件

（5）固定。

①发电机和齿轮箱对中调整合格后，将调整工装拆下。

②用螺栓等紧固件将发电机固定在弹性支撑上，并按要求的力矩进行紧固。

注意：安装紧固件时，螺纹的锁固密封、螺栓的紧固顺序、紧固力矩以及防松标记的具体要求和注意事项除了工艺规程技术要求外，其他请参照第一章的要求。

③后处理。拆下发电机调中的全部工装。然后做防腐处理。按工艺规程技术要求对发电机的弹性支撑、发电机安装面的裸露金属面和轴头裸露部分、固定螺栓六角头部分和底座上裸露金属面进行防腐处理，如刷防锈油或冷喷锌等。**注意**：将发电机的两根接地线上的导电膏清理干净后，再做防腐处理。

第二节　永磁直驱同步发电机的装配

永磁同步发电机具有结构简单、无需励磁绕组、效率高的特点。随着高性能永磁材料制造工艺的提高，目前在风力发电机组中，有两种最有竞争力的结构形式：异步电机双馈式机组和永磁同步直驱大型风力发电机组。大容量的机组大多采用这两种结构。

永磁同步风力发电机通常用于变速恒频的风力发电系统中，风力发电机转子由风力机直接拖动，所以转速很低。由于去掉了齿轮箱等部件，减少了传动损耗和故障频率，提高了发电效率、增加了机组的可靠性和寿命；利用许多高性能的永磁磁钢组成磁极，不像电励磁同步电机那样需要结构复杂、体积庞大的励磁绕组，提高了气隙磁密和功率密度，在同功率等级下，减小了电机体积。同时，机组在低速下运行，旋转部件较少，可靠性更高。采用无齿轮直驱技术可减少零部件数量，降低运行维护成本。电网接入性能优异：永磁直驱风力发电机组的低电压穿越使得电网并网点电压跌落时，风力发电机组能够在一定电压跌落的范围内不间断并网运行，从而维持电网的稳定运行。

永磁直驱同步发电机从结构上分为外转子和内转子。

对于典型的外转子永磁同步发电机结构，叶轮与发电机转动轴连接，转动轴与转子连接，直接驱动旋转。转子内圆（磁轭）上采用含稀土材料的钕铁硼永磁体拼贴而成的磁极，发电机定子（电枢绕组和铁芯）与定子主轴相连。外转子设计，使得能有更多的空间安置永磁磁极，同时转子旋转时的离心力，使得磁极的固定更加牢固。

由于转子直接暴露在外部，所以转子的冷却条件较好。外转子存在的问题是主要发热部件定子的冷却和大尺寸电机的运输问题。

内转子永磁同步发电机内部为带有永磁磁极、随风力机旋转的转子，外部为定子铁芯。除具有通常永磁电机所具有的优点外，内转子永磁同步电机能够利用机座外的自然风条件，使定子铁芯和绕组的冷却条件得到有效改善，转子转动带来的气流对定子也有一定的冷却作用。另外，电机的外径如果大于 4 m，往往会给运输带来一些困难。很多风电场都是设计在偏远的地区，从电机出厂到安装地，很可能会经过一些桥梁和涵洞，如果电机外径太大，往往不能顺利通过。内转子结构降低了电机的尺寸，往往给运输带来了方便。

内转子永磁同步发电机中，常见的转子磁路分别为径向式、切向式和轴向式。相对其他转子磁路结构而言，径向磁化结构因为磁极直接面对气隙，具有小的漏磁系数，且其磁轭为一整块导磁体，工艺实现方便；而且径向磁化结构中，气隙磁感应强度接近永磁体的工作点磁感应强度，虽然没有切向结构那么大的气隙磁密，但也不会太低，所以径向结构具有明显的优越性，也是大型风力发电机设计中应用较多的转了磁路结构。

本章以一种永磁直驱同步风力发电机（外转子型）为例，介绍发电机的装配工艺。

永磁直驱同步风力发电机一般由转子、磁钢、定子（铁芯+线圈）、轴系总成（定子主轴、转动轴、轴承等）、制动器等部件组成，结构见图6-16。

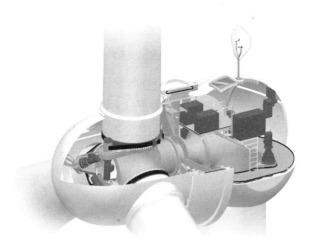

图6-16　永磁直驱发电机

一、转子的装配

永磁直驱机组的发电机转子主要由转子支架、磁钢固定装置、磁极等组成。

转子采用永磁体来励磁，永磁体大多采用含稀土材料的钕铁硼制成，不但可增大气隙磁通密度，而且没有励磁损耗，电机效率得以提高。当永磁同步发电机应用于较高转速时，为了保证永磁体在磁力和离心力的作用下，足够牢固和不发生位移，磁极须可靠地固定在转子上。磁极固定的方式常见的有粘接（表贴）方式和机械固定方式两种。

转子的装配工艺流程如下：

转子的准备　　磁钢固定（磁钢放置+磁极防护）　　安装转子附件

（一）转子的准备

（1）准备好喷砂、放置、清洁所需的工装吊具、工具等工艺装备，如喷砂设备、喷砂间、转子专用吊具、丝锥、空气压缩机（或气站）、工艺吸尘器、生产辅料（大布、清洗剂等）。

（2）准备好检验合格的转子支架。

（3）转子喷砂清理的要求。转子支架是焊接件，多采用碳钢材质，固定磁钢的安装面称为磁轭，在使用转子前，要求对磁轭进行喷砂处理，清理掉磁轭表面的油污、锈斑、油漆等污物。

注意：喷砂前对转子磁轭的螺纹孔进行防护，防止喷进砂粒，难以清理。喷砂后用工业吸尘器清洁转子表面，禁止将污物、沙尘带入磁钢推放工作区。

（4）转子放置要求。安装吊运转子的吊带吊具，用行车将转子吊放至支撑工装上，用工装螺栓等紧固件进行固定，有力矩要求的按要求紧固。

（5）转子清洁要求。清洁作业区，保持作业区及区内工装设备等的清洁。

用大布和清洗剂清洁转子防腐表面，要求转子防腐表面无沙尘、油污等污物。

用压缩空气吹扫螺孔，并清理所有的螺孔，若个别螺孔有问题，须过丝处理。

用清洗剂和毛刷刷洗待粘磁轭表面，要求磁轭表面无锈斑、无油污、无沙尘等污物。清洗后可用工业风扇吹扫磁轭表面，加速清洗剂的挥发。

（二）磁极的固定（磁钢推放+磁极防护）

根据前面讲的磁极固定的方式常见的有粘接（表贴）方式和机械固定方式两种。这两种固定方式都广泛地应用在风力发电机上，相比较而言，由于风力发电机组安装在野外环境，这对发电机的防护等级和安全性要求更高一些。机械固定的方式虽然工艺复杂了一些，但从风力发电机组运行的可靠性、安全性、低故障率来考虑，机械固定的方式不失为更优的选择。下面分别介绍这两种固定方式。

1. 粘接方式

简单地说，就是用磁钢灌封胶水将磁钢粘贴到转子磁轭表面的工艺。要用粘贴磁钢的专用模具和工装将磁钢推入转子磁轭，灌注胶水粘接磁钢，胶水固化后磁钢就粘接在转子磁轭上了，采用耐腐蚀、耐候性好的防腐材料对磁极表面进行防护（如环氧玻璃布层压板）。

2. 磁钢粘接

（1）准备粘接磁钢所需的零部件、标准件、工装设备、工具量具以及生产辅料，如磁钢、磁钢灌封胶水、磁极防护层压板、磁钢粘贴专用模具、推放磁钢工装、调整工装、行车、吊带、卸扣等吊具，扳手、棘轮、套筒、大布、清洗剂等。

（2）安装磁钢粘贴模具和推放工装。按图样和工艺装配规程的要求用吊带等吊具和行车将模具吊至转子安装位置，调整好后与转子固定；再用吊具将磁钢推放工装吊至模具处，与模具组对，调整好位置后进行固定，见图6-17和图6-18。

图6-17 安装模具

图 6-18　组对模具与推入装置

（3）磁钢固定及防护。按图样和工艺装配规程的要求，将磁钢嵌放至推放工装，再由推放装置将磁钢推入模具与磁轭形成的形腔内，磁极成 N、S 极交替排列；磁钢推放完成后用磁钢灌封胶水粘接磁钢，胶水固化后磁钢就粘接在转子磁轭上，最后采用耐腐蚀、耐候性好的防护材料对磁极表面进行防护（如环氧玻璃布层压板），见图 6-19 和图 6-20。

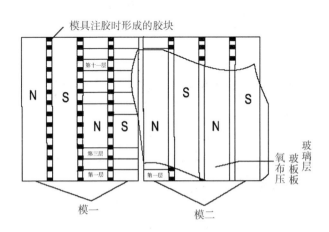

图 6-19　磁极排布与分段注胶

图 6-20　粘贴防护层

3. 磁钢机械固定方式

简单地说，就是用螺栓等紧固件将非导磁的磁钢固定装置（如隔条、磁极盒等）和磁钢固定在转子磁轭上，然后用耐腐蚀、耐候性好的防护材料（如玻璃纤维布、不锈钢薄板等）对磁极表面进行防护，灌注磁钢灌封胶水，将磁钢和防护层都牢牢地固定在转子磁轭上。

磁钢机械固定简介：

（1）准备机械固定磁钢所需的零部件、标准件、工装设备、工具量具以及生产辅料，如磁钢、磁钢灌封胶水、磁极防护材料、磁极推放装置、真空泵、棘轮、扳手、套筒、螺纹锁固胶、大布、清洗剂等。

（2）推放磁钢。按图样和工艺装配规程的要求安装磁极推放工装，并调整好位置，将磁钢推放至非导磁的磁钢固定装置与磁轭形成的腔室，磁极成 N、S 极交替排列。

（3）磁钢机械固定与防护。按图样和工艺装配规程的要求，用耐腐蚀、耐候性好的防护材料（如玻璃纤维布、磁极盒）对磁极表面进行防护，最后灌注磁钢灌封胶水进行密封和粘接，见图 6-21。

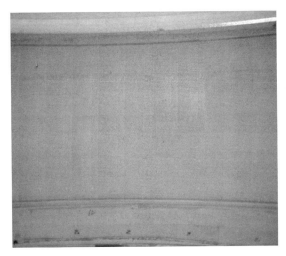

图 6-21 磁钢机械固定

(三)转子附件的装配

安装密封胶条。

(1)发电机与叶轮交接处需要安装密封胶条,防止雨水、沙尘、石粒等异物进入发电机。

(2)定子与转子风道之间安装密封胶条,防止铁屑、沙尘等异物进入定转子间隙。

二、轴系的装配

永磁直驱同步发电机轴系直接与叶轮和发电机连接,省略了中间的齿轮箱、联轴器等部件,因此永磁直驱同步发电机结构很紧凑。轴系主要由定子主轴、转动轴、轴承、轴承密封件等部件组成。一种永磁直驱发电机轴系结构,见图6-22。

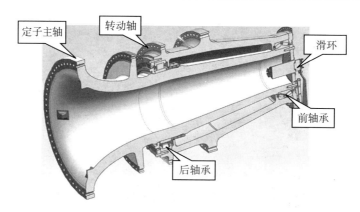

图 6-22　一种永磁直驱发电机轴系安装示意图

（一）轴承的装配知识

图 6-22 中轴系采用的是双（前、后）轴承的结构方式，前轴承采用的是双列圆锥滚子轴承，主要承受以径向为主的径、轴向联合载荷；后轴承采用的是单列圆柱滚子轴承，主要承受径向载荷，也可承受较轻的单向轴向载荷。永磁直驱发电机动、定轴的轴径比较大，承载能力比较强，轴承的装配都是过盈装配。这里介绍加热的方式装配轴承。

1. 轴承装配前的检查与防护措施

（1）按图样要求检查与轴承相配的零件，如轴颈、箱体孔、端盖等表面的尺寸是否符合图样要求，是否有凹陷、毛刺、锈蚀和固体微粒等。并用煤油或清洗剂清洗，仔细擦净，然后涂上一层薄薄的油。

（2）检查密封件并更换损坏的密封件，对于橡胶密封圈则每次拆卸时都必须更换。

（3）在轴承装配操作开始前，才能将新的轴承从包装箱中取出，必须尽可能使它们不受灰尘污染。

（4）检查轴承型号与图样是否一致，并清洗轴承装配面。如轴承是用防锈油封存的，可用煤油或清洗剂擦洗轴承内孔与外圈表面，并用软布擦净。对于厚油和防锈油脂封存的大型轴承，则需在装配前采用加热清洗的方法清洗。

轴承无须预加热；加热迅速、效率高；工作安全、保护环境；油脂仍保留在滚动轴承中（带密封的滚动轴承）；能量消耗低；温度可以得到很好的控制。

（2）电加热盘。电加热盘主要用来加热小滚动轴承。其配置一个用于电加热的铝板，可以同时加热几个滚动轴承。加热板通常配有一个温度调节装置，所以温度可以得到很好的控制。

（3）加热箱。滚动轴承在安装有吹风器的电加热器的电加热箱中进行加热。这些加热箱的优点是可以同时加热许多滚动轴承且可以长时间保温。

（4）油浴。当采用油浴方法对滚动轴承加热时，将一个装满油的油箱放在加热元件上。为避免滚动轴承接触到比油温高得多的箱底，形成局部过热，加热时滚动轴承应搁在油箱内的网格上。对于小型滚动轴承，可以挂在油中加热。在加热过程中，必须仔细观测油温。

4. 轴承加热器（涡流加热器，见图 6-23）的操作规程和注意事项

（1）按 START 键启动加热，如需保持温度，则在按 START 键前按温度保持即可。

（2）如采用时间控制模式，在开机后只需按下时间控制键即可进入时间控制模式。

（3）采用时间控制模式时，无须再用温度传感器，应将温度传感器从工件上取下，以延长其使用寿命。

①只能在 380 V 电压下使用。

②严禁空载启动加热装置。

③在按 START 键前确保上扼到位。

④当采用温度控制模式时，应将传感器吸附在工件内侧上，接触面应保持干净。若出现 E03 提示，检查传感器是否接好或加热工件太大所造成；若反复提示，检查传感器是否已损坏。

⑤易受磁场影响的物品应远离。例如，心脏起搏器、助听器、磁带及磁卡等物品，安全距离为 2 m。

图 6-23　涡流加热器

（二）定子主轴与后轴承的装配

1. 后轴承的装配流程

安装后轴承密封保持架 ▷ 安装后轴承内圈 ▷ 安装后轴承定位环 ▷ 安装后轴承外圈 ▷ 安装后轴承密封圈 ▷ 安装后轴承外圈压盖

2. 后轴承的结构

单列圆柱滚子为后轴承，见图 6-24。

图 6-24　单列圆柱滚子轴承

3. 后轴承的装配

（1）准备装配后轴承所需的零部件、标准件、工装、工具及生产辅料等，如定子主轴、后轴承、后轴承密封保持架、后轴承定位环、后轴承密封圈、外圈压盖、轴承加热器、加脂机、吊带、卸扣以及专用吊具、扳手、水平尺、大布、清洗剂等。

（2）竖立定子主轴。将定子主轴竖立，法兰面朝下放置，用水平尺调平法兰面。

（3）清洗和清理所有零部件及工装的装配面，要求安装面无油污、毛刺、锈蚀和多余的防腐层等。

（4）加热并装配后轴承密封保持架和后轴承内圈。按图样和装配工艺规程的要求用轴承加热器（常用涡流加热器）加热后轴承密封保持架、后轴承内圈，达到设定的温度和保温时间后，快速将保持架套入定子主轴，旋转装配，要求与轴肩无间隙贴合。再迅速将后轴承内圈套入定子主轴，旋转装配，与保持架轴肩无间隙贴合，可用塞尺检查。

（5）装配后轴承定位环。按图样和装配工艺规程的要求装配后轴承定位环。

（6）套入后轴承压盖。将止口配做好的后轴承压盖提前套入定轴。

（7）装配后轴承外圈。后轴承内圈恢复环温后，用加脂机给轴承内圈滚动体与保持架间的空隙加注少量润滑脂，再用专用夹具将后轴承外圈套入内圈并旋转装配。按图样和装配工艺规程要求的用量给后轴承加注润滑脂。

（8）检查。可用塞尺沿着圆周方向整圈测量装配后的间隙，将测量数据与图样和工艺装配规程比对，看是否满足要求。

（9）防护。发电机整体装配前，将定子主轴上后轴承外圈及前轴承装配面涂薄薄一层润滑脂，再用缠绕膜进行防护，防止后轴承和装配面生锈、进入粉尘等异物。

4. 塞尺的使用方法及注意事项

（1）塞尺的基本定义。塞尺是由一组具有不同厚度级差的薄钢片组成的量规。塞尺又称测微片或厚薄规，是用于检验间隙的测量器具之一。每把塞尺中的每片具有两个平行的测量平面，且都有厚度标记，以供组合使用，见图6-25。

在检验被测尺寸是否合格时，可以用通止法判断，也可由检验者根据塞尺与被测表面配合的松紧程度来判断。测量时，根据结合面间隙的大小，用一片或数片重叠在一起塞进间隙内。

例如，用 0.03 mm 的一片能插入间隙，而用 0.04 mm 的一片不能插入间隙，这说明间隙为 0.03~0.04 mm，所以塞尺也是一种界限量规塞尺，一般用不锈钢制造，最薄的为 0.02 mm，最厚的为 3 mm。

图 6-25　塞尺

（2）塞尺的使用方法。

①用干净的布将塞尺测量表面擦拭干净，不能在塞尺沾有油污或金属屑末的情况下进行测量，否则将影响测量结果的准确性。

②将塞尺插入被测间隙中，来回拉动塞尺，感到稍有阻力，说明该间隙值接近塞尺上所标出的数值；如果拉动时阻力过大或过小，则说明该间隙值小于或大于塞尺上所标出的数值。测量时塞片以单片合用为最佳，如果单片厚度不能达到测量要求，可选用几个塞片组合使用。在满足要求的环境下，选用的塞片越少，测量结果的精度就越高。

③进行间隙的测量和调整时，先选择符合间隙规定的塞尺插入被测间隙中，然后一边调整、一边拉动塞尺，直到感觉稍有阻力时拧紧锁紧螺母，此时塞尺所标出的数值即为被测间隙值（塞尺单片使用时，实际测得值即为塞片厚度；许多塞片组合使用时，实际测得值为各个组合塞片的厚度之和）。

（3）使用塞尺的注意事项。

①塞尺必须在校正有效期内方可使用。

②塞片插入时要平等于隙位，且应轻轻用力。

③不要将塞片在其他硬物上用力摩擦。

④塞片使用时要轻拿轻放，特别是 0.01~0.10 mm 厚的塞片，极容易打折扣和断开，使用时应特别注意。

⑤有需要时应对塞尺加涂防锈润滑油。

（三）转动轴与轴承的装配

1. 前轴承的装配流程

安装前轴承第一个外圈和中间隔环　▷　安装前轴承内圈　▷　安装前轴承第二个外圈　▷　安装前轴承密封圈及外圈压盖

2. 前轴承的结构

双列圆锥滚子为前轴承，见图 6-26。

图 6-26　双列圆锥滚子轴承

3. 前轴承的装配

（1）准备装配前轴承所需的零部件、标准件、工装、工具及生产辅料等，如转动轴、前轴承、前轴承密封圈、前轴承外圈压盖、动轴加热设备、吊带、卸扣以及专用吊具、扳手、水平尺、大布、清洗剂等。

（2）竖立转动轴。将转动轴竖立，后轴承安装面朝下放置，前轴承安装面朝上放置，用水平尺调平上端面。

（3）清洗和清理所有零部件及工装的装配面，要求安装面无油污、毛刺、锈蚀和多余的防腐层等。

（4）加热转动轴。用转动轴加热设备加热转动轴，达到设定的温度和保温时间。

（5）装配前轴承第一个外圈和中间隔环。用专用工装快速将前轴承第一个外圈套入转动轴，旋转装配，要求与轴肩无间隙贴合。若前轴承有中间隔环，快速将中间隔环套入转动轴，旋转装配，要求与前轴承外圈端面无间隙贴合，并在外圈滚道上均匀加注少量润滑脂。

（6）装配前轴承内圈。用加脂机按图样和工艺装配规程要求的用量均匀加注润滑脂，再迅速将前轴承内圈套入转动轴，旋转装配。

装配前轴承第二个外圈和压盖。用专用夹具快速将前轴承第二个外圈套入转动轴，并用螺栓等紧固件快速将前轴承外圈压盖安装在转动轴上，并按要求的力矩进行预紧固。**注意**：*前轴承外圈压盖在安装前需要按计算公式提前配作加工好。*

（7）防护。用缠绕膜将转动轴前轴承进行密封防护，防止轴承进入粉尘等异物。

三、发电机的装配

1. 发电机装配的工艺流程

2. 定子与定子主轴的装配

永磁直驱的定子主要由定子支架总成、绕组总成、铁芯总成、引出线缆防护总成等部件组成。

（1）准备好装配定子与定子主轴所需的零部件、标准件、工装工具及生产辅料等，如定子、定子主轴组件（带后轴承）、支撑工装、专用吊索具、扳手（快速扳手、液压力矩扳手等）、大布、清洗剂等。

（2）清理定子。用大布和清洗剂清洁发电机定子支架，用压缩空气吹扫绕组和铁芯，用无水酒精清洁绕组和铁芯，定子表面不得有锈、水、污渍和杂物。清理定子与定子主轴的安装接合面，保证该部位的清洁。

（3）连接定子主轴与支撑工装。按图样和装配工艺规程的要求用专用吊索具将定子主轴组件吊运至支撑工装上方，对正安装孔后，用螺栓等紧固件进行固定，若有力矩按要求紧固。

（4）装配定子。用专用吊定子的索具将定子吊运至定轴上方，以行车最低速度下降，当接近安装面时，用螺栓或导正棒进行导向找正，检查同轴度（用塞尺沿圆周检查止口处的径向间隙是否均匀，同轴度是否满足图样和装配工艺规程的要求，若不满足需要启吊重新调整）。用快速扳手和螺栓等紧固件将定子与定子主轴进行十字交叉均匀对称紧固，力矩值不允许超过初拧力矩值。再用液压力矩扳手或力矩扳手按要求的力矩值分三次十字交叉均匀对称紧固。

3. 转子的套装

（1）准备好装配转子所需的零部件、标准件、工装工具及生产辅料等，如转子（带磁极）、转子专用套装吊具、扳手（快速扳手、液压力矩扳手等）、大布、清洗剂等。

（2）清洁转子。用大布和无水酒精清洁转子磁极防护层，用大布和清洗剂清洁转子外表面。要求转子磁极不得有污渍、粉尘、磁粒和杂物等。清理转子与转动轴的安装接合面，保证该部位的清洁。

（3）安装转子套装工装。按图样和装配工艺规程的要求安装转子的套装工装、吊索具、间隙隔条等，有力矩要求的按要求进行紧固。间隙隔条是根据定转子尺寸以及磁极厚度计算后选配的，因定转子直径很大，防止在套装过程中转子发生倾斜造成定转子相吸的质量事故。

（4）装配转子。用行车和吊索具将转子吊运至定子主轴上方，以行车最低速度下降，并观察间隙隔条与转子是否有挤压现象，若隔条变形应立即停止套装，防止挤伤定转子的防护层，影响装配质量。没有挤压现象，可慢慢将转子下降，直至落在定子上。

（5）调整转子与定子主轴的同轴度。用深度尺沿整个圆周均匀测量几点后轴承外圈至转子中法兰尺寸，同轴度应满足图样和装配工艺规程的要求，若不满足，使用32 t螺旋千斤顶来调整转子和定了主轴的同轴度。

4. 转动轴组件的装配

（1）准备好装配转动轴组件所需的零部件、标准件、工装工具及生产辅料等，如转动轴组件（带前轴承）、后轴承压盖、转动轴加热装置、转动轴吊具、后轴承外圈压板、扳手（快速扳手、液压力矩扳手等）、水平尺、大布、清洗剂等。

（2）清洁转动轴组件。用大布和清洗剂清洁转动轴组件外表面，要求转动轴表面不得有油污、水、污渍等。清理转动轴与后轴承的安装接合面，保证该部位的清洁。

（3）加热转动轴组件。用吊具将转动轴组件吊至转动轴加热装置内，盖上盖子，按图样和装配工艺规程的要求设定加热温度、时间以及保温时间，加热直至保温结束。

（4）安装转动轴导向工装。按装配工艺规程的要求在转动轴底部（后轴承端）安装导向工装，主要导正转动轴套入后轴承，防止转动轴磕碰损伤后轴承。

（5）装配转动轴组件。用行车和转动轴吊具将加热好的转动轴组件提起，并用水平尺找平。找平后将转动轴组件吊至定子主轴上方，以行车最低速度下降，将转动轴平稳套入定轴，边观察边平稳下降转动轴，缓慢平稳地套入前轴承，再通过转动轴下面的导向工装导正后轴承，进入后轴承以后，边旋转边下降转动轴，直至落到底。

（6）安装前轴承内圈压盖。装配完转动轴组件后，快速将前轴承密封圈安装至定轴指定部位，将配作好的前轴承内圈压盖进行预紧固，按要求的力矩进行紧固。

（7）预压后轴承外圈。装配完转动轴组件后，快速安装后轴承外圈压板工装，对后轴承外圈进行预压，按要求的力矩进行预紧固。

（8）安装后轴承压盖。待转动轴恢复环温后，用油压千斤顶或薄型千斤顶将压盖顶起，用螺栓等紧固件将其固定在转动轴上。按要求的力矩进行紧固。

（9）检查。待转动轴恢复环温后，用力矩扳手紧固所有压盖上的螺栓。按力矩要求进行紧固，并检查力矩值是否满足要求。

5. 发电机制动器的装配

（1）准备好装配制动器所需的零部件、标准件、工装工具及生产辅料等，如制动器闸体（上、下）、刹车片、复位螺栓、吊带卸扣等吊具、手动液压泵、扳手（快速扳手、液压力矩扳手等）、大布、清洗剂等。

（2）清洁。用大布和清洗剂清洁定子上制动器的安装面，要求安装面不得有锈斑、油污、水、污渍等。用螺纹清理刷清洁制动器安装螺孔，并用压缩空气吹扫，确保螺孔内清洁、无异物。

（3）安装制动器刹车片。用复位螺栓将刹车片固定在制动器上、下闸体上，注意不要损坏刹车片压块。

（4）安装 O 形密封圈。将制动器闸体上的红色防尘堵头拆下，安装 O 形密封圈，见图 6-27。

图 6-27　安装 O 形密封圈

（5）安装制动器。用螺栓等紧固件将制动器内、外闸体固定在定子制动器安装座上，按要求的力矩进行紧固。要求制动器安装面与转子刹车环较近环面和较远环面的最小距离，以及刹车片与刹车环距离最小处的间隙均应满足图样和装配工艺规程的要求。

（6）连接管路。将 3 个制动器油管接头、卡套、卡套螺母固定在转子制动器的上、下闸体进出油口上，用转子闸间钢管将两个进出油口连接起来，在制动器的另一个油口上安装 1 个放气测压接头阀，见图 6-28。

（7）保压试验。连接好制动器管路后，按工艺规程技术要求用手动液压泵对闸体打压试漏，检查加压是否有泄漏，没有泄漏，证明连接的管路合格。

图 6-28　安装发电机制动器

装配过程中的注意事项：

（1）安装紧固件时，螺纹的锁固密封、螺栓的紧固顺序、紧固力矩以及防松标记的具体要求和注意事项除了工艺规程技术要求外，其他请参照本书第一章的内容要求。

（2）装配过程中的一般要求请参照本书第一章第一节的内容。

 复习思考题

1. 试述双馈异步发电机弹性支撑的作用，以及如何安装和调整发电机弹性支撑。

2. 安装双馈异步发电机时需要对中调整，对中的两种方法是什么？简单试述。

3. 大型永磁直驱发电机磁极的固定有两种方式，试述磁极固定的方式。

4. 试述永磁直驱发电机前、后轴承装配的工艺流程。

5. 试述永磁直驱发电机整体装配的工艺流程。

第七章 齿轮箱的安装与调整

1. 了解齿轮箱的作用。
2. 了解齿轮箱的组成。
3. 熟悉齿轮箱的装配过程。

第一节 齿轮箱的安装

1. 齿轮箱作用

齿轮箱的主要功能是将叶轮在风力作用下产生的动力传递给发电机。通常叶轮的转速很低，远达不到发电机发电所要求的转速，必须通过齿轮箱齿轮副的增速作用来实现，故也将齿轮箱称为增速箱。根据机组的总体布置要求，有时将与叶轮轮毂直接相连的传动轴（俗称大轴）与齿轮箱合为一体，也有将大轴与齿轮箱分别布置，其间利用胀紧套装置或联轴节连接的结构。为了增加机组的制动能力，常常在齿轮箱的输入端或输出端设置刹车装置，配合叶尖制动（定桨距叶轮）或变桨距制动装置共同对机组传动系统进行联合制动。图7-1为一种齿轮箱的外形图。

图7-1　一种齿轮箱的外形图

2. 齿轮箱齿轮结构的类型

风力发电机组齿轮箱常用的齿轮机构有平行轴圆柱齿轮外啮合传动、内啮合圆柱齿轮传动、行星齿轮传动、锥齿轮传动和涡轮蜗杆传动等。

3. 齿轮箱结构和主要零部件

（1）齿轮箱传动方式。

①一级行星和两级平行轴齿轮传动齿轮箱。

②两级行星齿轮和一级平行轴齿轮传动齿轮箱。

③内啮合齿轮分流定轴传动。

④分流差动齿轮传动。

⑤行星差动复合四级齿轮传动。

（2）齿轮箱箱体。

齿轮箱箱体承受来自叶轮的作用力和齿轮传动时产生的反作用力。箱体设计必须按照风力发电机组动力传动的布局、加工和装配、检查以及维护等要求来进行。箱体必须具有足够的刚性承受力矩和力的作用，保证传动质量，防止产生变形。

（3）齿轮与轴的连接。齿轮与轴的连接形式为平键连接、花键连接、过盈配合连接、胀紧套连接。

（4）滚动轴承。齿轮箱常采用的轴承有圆柱滚子轴承、圆锥滚子轴承、调心滚子轴承等。

（5）齿轮箱密封。齿轮箱常采用的密封形式有非接触式密封和接触式密封两种。

（6）齿轮箱润滑。齿轮箱常采用飞溅润滑和强制润滑，一般以强制润滑为多见。

第二节　齿轮箱的调整

一、齿轮箱安装调整

此处以某风力发电机组齿轮箱的安装与调整过程为例，说明具体的装配工艺。

（1）清理。用清洗剂和大布将各装配零部件清理干净，具体清理方法详见第一章。

（2）吊装齿轮箱。选用合适的吊具吊装齿轮箱，吊具的选择和使用方法详见第二章的相关内容，见图7-2。

图7-2　吊装齿轮箱

（3）安装齿轮箱调中工装。将齿轮箱调中工装安装到指定位置，见图7-3。

图 7-3　安装一种齿轮箱调中工装

（4）齿轮箱调中。用调中工装和激光对中仪调整齿轮箱，保证齿轮箱和主轴的同轴度达到设计要求。根据激光对中仪的读数来调整齿轮箱前、后、上、下位置，最后确定齿轮箱弹性支撑调整垫圈厚度。将调整工装拆下，垫上调整垫，见图 7-4。

图 7-4　激光对中仪调中

（5）确定调整垫的厚度。用高度尺测量齿轮箱支撑臂下平面距离底座安装面的高度 H、弹性支撑下部用齿轮箱预压后的高度 h，根据实际情况确定调整垫片的厚度，调整片外型，见图 7-5。

图 7-5　一种齿轮箱弹性支撑调整垫圈

（6）连接低速联轴器法兰盘：使用螺栓将低速联轴器前后法兰盘进行连接，具体装配方法详见本书第一章的内容，见图 7-6。

图 7-6　连接前后法兰盘

（7）安装齿轮箱弹性支撑。按照设计要求使用双头螺柱将弹性支撑安装到底座上，见图 7-7。

图 7-7　安装齿轮箱弹性支撑

安装完成后的齿轮箱示意图，见图7-8。

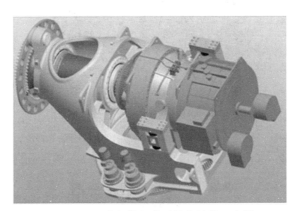

图7-8 一种安装完成后的齿轮箱示意图

二、齿轮箱基本检查

（1）检查齿轮箱箱体面漆是否均匀、细致、光亮、完整和色泽一致，有无出现粗糙不平、漏漆、错漆、皱纹等缺陷。

（2）齿轮箱润滑油油位是否达到设计要求。

（3）齿轮箱安装后用人工盘动应灵活，无卡滞现象。

（4）箱体内部机件应无锈蚀现象。

（5）用涂色法检验，齿面接触斑点应达到技术条件的要求。

（6）检查齿轮箱装置内所有连接紧固件是否紧固，以及进行防腐和防松处理。

 复习思考题

1. 风力发电机组常用的齿轮箱结构类型分别是什么？

2. 风力发电机组常用的齿轮箱主要零部件分别是什么？

3. 风力发电机组常用的齿轮箱主要密封形式分别是什么？

4. 风力发电机组常用的齿轮箱与轴的连接形式分别是什么？

5. 风力发电机组常用的齿轮箱基本检查的要求是什么？

第八章 偏航系统安装与调整

1. 了解偏航控制系统作用、分类及结构。
2. 了解偏航控制系统的组成。
3. 熟悉偏航控制系统的装配过程。

第一节 偏航系统安装与调整

1. 偏航系统作用

（1）与风力发电机组的测风控制系统相互配合，使叶轮始终处于迎风状态，叶轮扫掠面与风向保持垂直，以便最大限度地吸收风能，提高风力发电机组的发电效率。

（2）提供必要的制动力矩，以保障风力发电机组在完成对风动作后能够安全定位运行。偏航系统组装，见图 8-1。

图 8-1 一种偏航系统组装图

2. 偏航系统分类

偏航系统分为被动偏航系统和主动偏航系统两种。

（1）被动偏航系统。被动偏航系统是当叶轮偏离风向时利用风压产生绕塔架的转矩使叶轮对准风向，如果是上风向，则必须有尾舵；如果是下风向，则利用风轮偏离后推力产生的恢复力矩对风。

（2）主动偏航系统。主动偏航系统是采用电力或液压驱动的方式让机舱通过齿轮传动使叶轮对准风向来完成对风动作。

3. 偏航系统的主要组成部分

（1）偏航轴承。偏航轴承分为滑动轴承和滚动轴承两种。

滑动轴承由偏航盖板、回转盘、偏航滑板等组成。盖板连于机舱，回转盘连于塔架，滑板连于盖板而将回转盘的一部分卡在中间，因此机舱可沿回转盘转动而不会与其脱离。盖板、滑板与回转盘之间都衬有减磨材料，以减小摩擦和磨损。滑动轴承的优点是生产简单，与滚动轴承相比，摩擦力大且能调节，可以省却偏行阻尼器和偏航制动装置，整个系统成本低；但缺点是偏航驱动功率比滚动轴承大，机构可靠性较差。

滚动轴承是一种回转支承，由内、外环和滚动体组成。动环（轴承内环或者外环）连于机舱，静环连于塔架，静环作为驱动环有轮齿，滚动体可以是钢球，也可以是短圆柱滚子。采用滚动偏航轴承时，不采用独立的驱动环，而是集中在轴承上。因此风力发电机组的偏航系统有外驱动和内驱动之分，外驱动的驱动环是外齿，内驱动的是内齿，内外驱动用轴承各部相同。外驱动轴承以外环做驱动环，轮齿在外环上，安装时内环与机舱、外环和塔架分别用螺栓连接，驱动小齿轮位于塔架之外，见图 8-2；内驱动用的则相反，见图 8-3。采用滚动轴承时，系统必须有制动和阻尼装置，因此成本较高，其优点是可靠性高，偏航驱动功率较小。

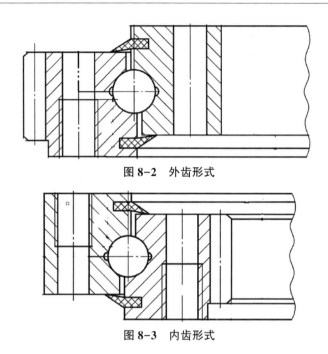

图 8-2　外齿形式

图 8-3　内齿形式

（2）偏航驱动装置。风力发电机组偏航通常由偏航电机驱动行星圆柱齿轮减速器，转动由外齿啮合齿轮副或者内齿啮合齿轮副完成。偏航驱动装置可以采用电动机驱动或液压马达驱动，制动器可以是常闭式或常开式。常开式制动器一般是指有液压或电磁力拖动时，制动器处于锁紧状态的制动器；常闭式制动器一般是指有液压力或电磁力拖动时，制动器处于松开状态的制动器。采用常开式制动器时，偏航系统必须具有偏航定位锁紧装置或防逆传动装置。

（3）偏航制动装置和阻尼器。偏航制动装置主要用于风电机组不进行偏航时阻止机舱做偏航振荡运动，防止振荡运动对偏航驱动装置造成损伤。偏航阻尼器主要用于保证风电机组偏航运行平稳。偏航制动装置和阻尼器仅在使用滚动轴承的系统中应用。

偏航制动装置有集中式、分散式、主动式和被动式等几种类型。

（4）偏航传感器。偏航传感器用于采集和记录偏航位移。位移一般以当地北向为基准，有方向性。传感器的位移记录是控制器发出电缆解扭指令的依据。

偏航传感器一般有两种类型：一类是机械式传感器；另一类是电子式传感器。

（5）偏航液压系统。并网型风力发电机组的偏航系统一般都设有液压装置，液压装置的作用是控制偏航制动器松开或锁紧。一般的液压管路应采用无缝钢管制成，柔性管路连接部分应采用合适的高压软管。

（6）润滑装置。偏航系统必须设置润滑装置，润滑装置保证驱动齿轮、偏航齿圈以及偏航轴承的润滑。

4. 偏航系统安装

此处以某直驱型风力发电机组偏航系统的装配过程为例，说明具体的装配工艺。

（1）底座检查。装配底座前应使用适当的工具和清洗机将底座清理干净，对于不合格的防腐层部分需要进行修补，补刷的油漆必须和原零部件的油漆颜色一致。清理后的轮毂不得有毛刺、翻边、氧化皮、锈蚀、切屑、油污、着色剂和灰尘等。同时应清理并检查螺纹孔，确保螺纹表面光滑，无污物，紧固件应能用手轻松地旋入螺纹孔，如果无法旋入，应用合适的丝锥进行过孔。

（2）翻身底座。选用合适的吊带和吊具将底座翻转倒置到指定支撑上，见图8-4和图8-5。

图8-4　底座翻身　　　　　　　　图8-5　底座放置

（3）偏航轴承检查。偏航轴承检查与第三章变桨轴承检查要求相同。

（4）安装偏航轴承。在安装偏航轴承时，根据底座偏航轴承安装支撑面止口设计，确定偏航轴承与底座配合的止口方向，使用螺栓将轴承与底座连接，螺栓需达到力矩要求。同时安装时按照设计要求保证轴承软带位置正确，见图8-6。

图 8-6　一种偏航轴承的安装

（5）清理偏航刹车盘。用平面刮刀将偏航刹车盘装配面毛刺和多余防腐层清理干净，并使用大布将表面污物清理干净。

（6）安装偏航刹车盘。将偏航刹车盘吊装到偏航轴承上对准螺孔，用螺栓紧固并达到力矩要求，见图8-7。

图 8-7　一种偏航刹车盘的安装

（7）安装偏航制动器。将偏航制动器安装到底座制动器安装位置上，用螺栓紧固，调整制动器摩擦片与刹车盘的间隙，见图8-8。

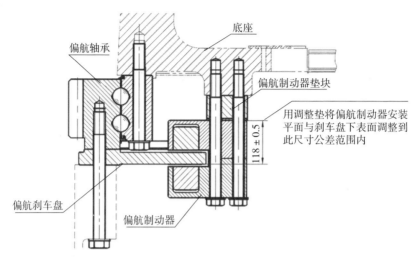

图8-8　一种偏航制动器的安装图

（8）二次翻底座。将底座翻转并放置到机舱专用支架上，用螺栓紧固，见图8-9。

图8-9　底座翻身后的放置

（9）安装偏航驱动装置，见图8-10，偏航驱动装置的安装方法与第三章齿轮变桨驱动装置相类似。

①安装偏航减速器前需要检查偏航减速器油位，油位必须达到设计要求，同

时润滑油牌号必须正确。

②核对偏航减速器偏心盘最大、最小偏心点。

③将偏航减速器安装孔和底座螺纹孔对正，找到偏航轴承齿顶圆的最大标记处，在该处调整齿侧间隙，并使偏航减速器偏心圆盘大、小端连线的中间位置约处于齿轮啮合位置。

④测量啮合间隙是否符合标准要求。如果不符合要求，将螺栓拆除，通过调整偏心盘调整啮合间隙，直至间隙符合要求。

⑤啮合间隙的测量方法如下：

·用压铅丝的方法检验。

·用百分表检验。

·轮齿接触斑点检验。

图 8-10　一种偏航驱动装置的安装

5. 偏航系统调整

偏航系统安装完成后需进行基本的检查与调整。

（1）检查液压制动器是否有漏油现象。

（2）检查偏航轴承表面涂层是否达到要求。

（3）检查偏航轴承是否需要添加润滑脂。

（4）检查偏航轴承与偏航小齿啮合间隙是否达到要求。

（5）偏航试验时检查偏航制动器压力值是否达到要求。

（6）检查偏航系统内所有连接螺栓是否紧固，以及进行防腐和防松处理。

（7）检查偏航减速器润滑油油位是否达到设计要求。

（8）检查偏航减速器是否有异响或漏油等异常。

第二节　偏航润滑系统的安装

1. 偏航润滑方式

偏航系统最简单的润滑方式就是人工定期使用加脂工具加脂。也可以设置自动电子油脂罐集中供油系统，按照设定的程序自动挤出油罐中的油脂，对偏航轴承进行加脂，同时通过配油小齿轮对齿圈供给润滑油脂。为了防止废油脂污染，还应设置油脂回收装置。

2. 装配偏航润滑系统

偏航润滑系统的安装方法与第三章变桨润滑系统相类似，此处以某直驱型风力发电机组偏航润滑系统的装配过程为例说明具体的装配工艺。

（1）清理。用清洗剂和大布将润滑站支架、润滑站及附件、润滑齿轮总成清理干净。

（2）加油脂。从润滑泵的手动加油口从下向上将润滑油脂加到润滑站的储脂桶内，充满泵室。之后将润滑泵的储脂桶上盖打开，从上向下加润滑油脂至油脂桶内，见图8-11。

（3）安装润滑泵。使用螺栓将润滑泵安装到平台上指定位置，见图8-11。

图8-11　安装润滑泵

（4）安装润滑小齿轮总成。用螺栓将润滑小齿轮安装在底座上，按要求调整润滑小齿轮的上平面和偏航轴承大齿轮的上平面高度差以及润滑小齿轮与偏航轴承的外齿啮合间隙，见图8-12。

图8-12　安装润滑小齿轮

（5）安装分配器。使用螺栓将分配器安装到平台指定位置，见图8-13。

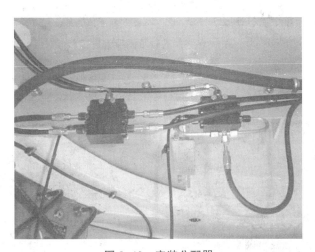

图8-13　安装分配器

（6）安装润滑油管。根据偏航润滑系统的设计，使用润滑油管连接润滑站、分配器、润滑小齿轮和偏航轴承的各润滑点，见图8-14~图8-16。

图 8-14 润滑齿轮管路进口

图 8-15 偏航轴承各润滑管出口

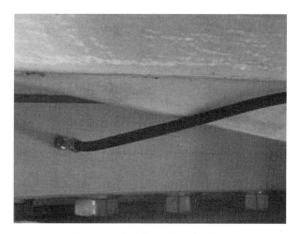

图 8-16 偏航轴承润滑管进口

（7）固定油管。用管卡和绑扎带固定润滑油管，见图 8-17 和图 8-18。

图 8-17 用管夹固定润滑胶管

图 8-18 用绑扎带固定润滑胶管

（8）偏航系统润滑管路检查。偏航系统润滑管路检查与本书第三章变桨系统润滑管路检查要求相同。

第三节　测风系统的安装

1. 测风设备介绍

传统的测风仪有风杯式风速仪、螺旋桨式风速仪及风压板风速仪等。新型测风仪有超声波测风仪、多普勒测风雷达测风仪、风廓线仪等。

常用的风杯式风速仪，见图 8-19，这是一种机械式测风仪，由一个垂直方向的旋转轴和三个风杯组成，风杯式风速仪的转速可以反映风速的大小。一般情况下，风速仪与风向标配合使用，见图 8-20，可以记录风速和风向数据。

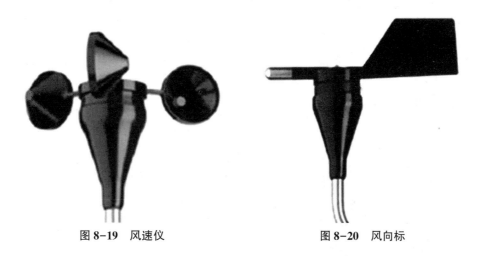

图 8-19　风速仪　　　　　　　　　　图 8-20　风向标

机械式测风仪器的优点在于可靠性高，成本低。但同时也存在机械轴承磨损的情况，因此需要定期检测甚至更换。另外，在结冰地区，需要安装加热设备防止仪器结冰。

非接触式的测风仪器有超声波和激光风速计等，见图 8-21 和图 8-22。超声波风速仪通过检测声波的相位变化来记录风速；激光风速仪可以检测空气分子反射的相干光波。这些非机械式风速仪的优点在于受结冰天气（气候）的影响较小。

非接触式风速仪的缺点是用电量较大，在偏远地区的应用受到限制。

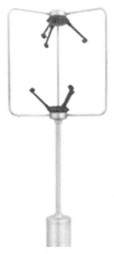

图 8-21　超声波风速仪

图 8-22　激光风速仪

2. 测风系统安装

此处以某直驱型风力发电机组测风系统的装配过程为例，说明具体的装配工艺。

（1）安装斜支撑。用螺栓将左、右两个斜支撑安装到测风支架焊合上，见图 8-23。

图 8-23　安装斜支撑

（2）安装航空警示灯、支架。用螺栓分别将左、右两个航空警示灯安装支架与测风支架焊合连接；再用螺栓分别将左、右各1个航空警示灯安装支架固定在测风支架焊合上，见图8-24。

（3）安装避雷针。用螺栓将左、右各1个避雷针安装到测风支架焊合上，见图8-24。

图8-24　安装航空警示灯、支架、避雷针

（4）安装风向标、风速仪。用螺栓将风向标和风速仪安装到测风支架总成上，见图8-25。

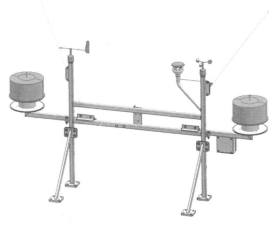

图8-25　安装风向标、风速仪

复习思考题

1. 风力发电机组偏航系统作用是什么?

2. 风力发电机组偏航系统的主要组成部分是什么?

3. 现有风力发电机组测风装置分别有哪些?

4. 风力发电机组偏航系统齿轮啮合间隙的测量方法分别是什么?

5. 风力发电机组偏航系统基本检查的要求是什么?

第九章　加热、冷却系统的安装和检查

学习目的：

1. 了解加热、冷却系统安装方法。

2. 了解加热、冷却管路连接与固定。

3. 了解加热、冷却系统基本原理。

第一节　双馈机组的加热、冷却系统的安装和检查

风力发电机组中的齿轮箱是一个重要的机械部件，其主要功用是将风轮在风力作用下所产生的动力传递给发电机并使其得到相应的转速。通常风轮的转速很低，远达不到发电机发电所要求的转速，必须通过齿轮箱齿轮副的增速作用来实现，故也将齿轮箱称为增速箱。根据机组的总体布置要求，有时将与风轮轮毂直接相连的传动轴（俗称大轴）与齿轮箱合为一体，也有将大轴与齿轮箱分别布置，其间利用胀紧套装置或联轴节连接的结构。为了增加机组的制动能力，常常在齿轮箱的输入端或输出端设置刹车装置，配合叶尖制动（定桨距风轮）或变桨距制动装置共同对机组传动系统进行联合制动。

由于机组安装在高山、荒野、海滩、海岛等风口处，受无规律的变向变负荷的风力作用以及强阵风的冲击，常年经受酷暑严寒和极端温差的影响，加之所处自然环境交通不便，齿轮箱安装在塔顶的狭小空间内，一旦出现故障，修复非常困难，故对其可靠性和使用寿命都提出了比一般机械高得多的要求。例如，对构件材料的要求，除了常规状态下力学性能外，还应该具有低温状态下抗冷脆性等

特性；应保证齿轮箱平稳工作，防止振动和冲击；保证充分的润滑条件；等等。对冬夏温差巨大的地区，要配置合适的加热和冷却装置。还要设置监控点，对运转和润滑状态进行遥控。

不同形式的风力发电机组有不一样的要求，齿轮箱的布置形式以及结构也因此而异。在风电界，水平轴风力发电机组用固定平行轴齿轮传动和行星齿轮传动最为常见。

如前所述，风力发电受自然条件的影响，一些特殊气象状况的出现，皆可能导致风电机组发生故障，而狭小的机舱不可能像在地面那样具有牢固的机座基础，整个传动系的动力匹配和扭转振动的因素总是集中反映在某个薄弱环节上。大量的实践证明，这个环节常常是机组中的齿轮箱。因此，加强对齿轮箱的研究，重视对其进行维护保养的工作显得尤为重要。

一、双馈风力发电机组的加热、冷却润滑工作原理

（一）控制原理图

1. 控制要求

（1）机组未启动时，若油温⑩低于 10 ℃，电加热器②启动，电动泵③每隔 30 min 启动工作 5 min。油温⑩高于 15 ℃，电加热器②停止加热，电动泵③工作，机组启动。

（2）机组启动温度必须在油温⑩高于 10 ℃。

（3）电动泵③出口压力 10 bar，安全阀设定压力 16 bar，出口油压过高（超过 16 bar）时，安全阀打开。

（4）过滤器⑤最高工作压力 16 bar，安全阀设定压力 14 bar，当过滤器⑤进口与出口压力差值超过 3.5 bar 时（在油温⑩超过 40 ℃时才测定，信号采集至少 90 min），传感器发出信号且红灯亮（绿灯表示工作正常）。

（5）风冷器⑥工作压力 25 bar，最大允许流量 140 L/min，风冷器⑥的风扇电机在油温＞60 ℃或高速轴轴承温度⑪＞75 ℃时打开，油温回落至 50 ℃且高速

轴轴承温度⑪＜70 ℃时，风冷器⑥的风扇电机停止运转。

（6）压力控制器⑦的压力监测范围为 0.5~6 bar，不在此范围内时报警（油温 70 ℃时压力要求≥0.5 bar，油温低于 10 ℃时压力要求≤6 bar），若压力＜0.5 bar时，报警持续超过 5 s 则停机。

（7）液位下降至设定值时液位开关⑨发出报警信号。

（8）油温⑩温度不允许超过 70 ℃，否则齿轮箱停机。

（9）高速轴轴承温度⑪不允许超过 80 ℃，否则齿轮箱停机。

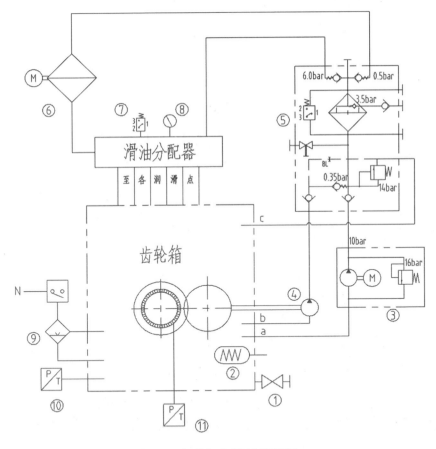

图 9-1　加热和冷却控制原理图

2. 安装要求

（1）供油装置应安装在齿轮箱附近，泵吸油管越短越好，其长度以不大于

1 m为宜。

（2）为保证冷却效果，油/风冷却装置应安装在通风处。

（3）中间连接管路按相关的液压、润滑安装规范进行安装，保证各连接处不泄漏。

（4）供油装置投入运行前，必须确认齿轮箱内部清洁度达到《液压油清洁度标准》ISO 4406等级要求。

3. 使用与维护

（1）首次启动时应注意油泵电机转向是否正确。

①过滤系统入口处设有测压点，可用测压表（用户自备）检测泵的出口压力。

②过滤系统上装有滤油器污染发讯器，当滤油器进出油口压差达到3.5 bar时，污染发讯器发出电讯号，同时污染发讯器上也有灯光显示，此时应及时更换滤芯。如果更换滤芯不及时，滤油器进口压力达到14 bar时，滤油器旁通阀将会开启，此时滤油器将失去过滤作用，齿轮箱必须停止运转！

（2）滤芯的更换过程。更换滤芯时必须确认供油装置处于停机状态，滤油器必须卸压（压力表显示0 bar状态）。可以通过拧松滤筒底部的排油螺塞卸压（工作时必须拧紧）。

更换滤芯步骤：

①旋下滤筒，取出旧滤芯。

②清洗滤筒，把新滤芯装上，旋上滤筒。

③旋紧滤筒，再回松1/4圈。

④更换滤芯后，重新启动工作，注意观察压力表工作压力。

（3）旁路过滤。当齿轮箱长时间运行后，箱体内部润滑油会逐渐污染，底部沉淀颗粒状污染物。为提高润滑系统清洁度，延长过滤器使用寿命，可对齿轮箱进行旁路冲洗过滤，见图9-2。

图9-2　安装旁路过滤器

（4）低温启动-加热系统。冬季低温状态时机组启动必须考虑油液的加热。当油温低于-10 ℃时，可通过电加热器将油温升到10 ℃以上；当油温低于-10～30 ℃时，由于润滑油粘度太大，则应采用专用的低温旁路加热系统加热油液。低温旁路加热系统由用户自备，箱体上预留有安装接口，该接口与旁路过滤装置接口共用。

（二）齿轮箱维护

1. 检查螺栓和螺母是否紧固

根据随机技术文件的规定，紧固螺栓。检查螺栓连接必须使用经过校正的扭力扳手和液压扳手。如果被检查的螺栓数目少于实际数目，那么在这些检查过的螺栓上必须作标记，下次检查其他的螺栓。如果在检查的螺栓中有一个因松动而达不到指定扭矩，那么所有的螺栓都必须检查。

2. 腐蚀状况和泄漏情况检查

检查所有部件的腐蚀状况。如果发现外表面有腐蚀，必须立刻按照覆盖层说明书对该部件进行处理。检查所有部件，特别是齿轮箱、液压系统、刹车和油液泄漏。必须排除泄漏并找出泄漏原因。必须更换损坏部件并清理被污染的区域。

3. 润滑冷却循环系统

（1）检查系统是否有泄漏。

（2）检查所有的接头和油管是否有泄漏。必须排除所有的泄漏并找到泄漏原因。

（3）检查软管是否老化。

（4）检查在润滑冷却循环系统中的软管是否老化，是否有裂纹。如果发现软管的表面有老化痕迹和过多的裂纹，必须进行更换。

（5）检查各传感器开关是否工作正常。

（6）如果传感器失灵或损坏，立即更换。

二、安装齿轮油散热器

（1）清理。清理干净散热器支架、散热器风道法兰和散热器。

（2）安装散热器风道法兰。用螺栓将散热器风道法兰固定到散热器上。螺栓涂螺纹锁固胶，用规定的力矩值紧固螺栓，见图9-3。

（3）安装散热器。用专用吊具将散热器总成吊装到齿轮箱上，用螺栓将散热器支架固定在齿轮箱上，螺栓涂螺纹锁固胶。用规定螺栓力矩值紧固螺栓，见图9-4~图9-6。

图9-3　安装散热器风道法兰

图9-4　吊装散热器

图9-5　安装散热器（1）

图9-6　安装散热器（2）

三、安装润滑油泵

齿轮箱的润滑十分重要，良好的润滑能够对齿轮和轴承起到足够的保护作用。为此，必须高度重视齿轮箱的润滑问题，严格按照规范保持润滑系统长期处于最佳状态。齿轮箱常采用飞溅润滑或强制润滑，一般以强制润滑为多见。因此，配备可靠的润滑系统尤为重要。电动齿轮泵从油箱将油液经滤油器输送到齿轮箱的润滑管路，对各部分的齿轮和传动件进行润滑，管路上装有各种监控装置，确保齿轮箱在运转当中不会出现断油。

在齿轮箱运转前先启动润滑油泵，待各个润滑点都得到润滑后，间隔一段时间方可启动齿轮箱。当环境温度较低时，如小于10 ℃，须先接通电热器加机油，达到预定温度后才投入运行。若油温高于设定温度，如65 ℃时，机组控制系统将使润滑油进入系统的冷却管路，经冷却器冷却降温后再进入齿轮箱。管路中还装有压力控制器和油位控制器，以监控润滑油的正常供应。如发生故障，监控系统将立即发出报警信号，使操作者能迅速判定故障并加以排除。

（1）清理。清理干净个润滑管路，认真查看润滑系统总成的安装图，分清各油管的安装位置。

（2）安装吸油管总成。用螺钉的对开法兰将吸油管总成固定在润滑泵前端的接口上，在对开法兰接口处加O形圈，螺栓要对称紧固，见图9-7。

（3）安装溢流管总成。用螺钉和对开法兰将溢流管总成90°弯头的一端固定在润滑泵上端的接口上，在对开法兰接口处加O形圈，螺栓要对称紧固，见图9-7。

（4）安装润滑胶管。用螺钉和对开法兰将润滑胶管Ⅳ的一端固定在油泵后端的接口上，在对开法兰接口处加O形圈，螺栓要对称紧固，见图9-7。

（5）后处理。三根胶管的金属连接部分和油泵的金属裸露部分刷防锈油。

（6）安装润滑泵总成。用螺栓将弹性支撑固定在底座上。将电机油泵组和弹性支承先用手旋紧，待吸油管总成和溢流管总成的另一端与齿轮箱连接好，油泵的位置确定后，再紧固螺栓，见图9-7和图9-8。

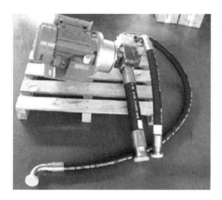

图9-7　齿轮箱润滑泵

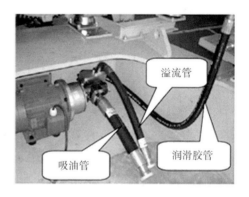

图9-8　安装齿轮箱润滑泵

四、安装齿轮箱润滑油管和加润滑油

（1）安装吸油管总成。用螺钉和对开法兰将吸油管总成固定在齿轮箱的接口，在对开法兰接口处加O形圈，螺栓对称紧固。

（2）安装溢流管总成。用螺钉和对开法兰将溢流管总成直接头的一端固定在齿轮箱的溢流口上，在对开法兰接口处加O形圈，螺栓对称紧固。

（3）安装润滑胶管。用螺钉和对开法兰将润滑胶管Ⅳ的一端固定在过滤器后部的进油口上，在对开法兰接口处加O形圈，螺栓对称紧固。

（4）润滑胶管Ⅰ（散热器—齿箱分配器）的安装。用螺钉和对开法兰将润滑胶管Ⅰ的一端固定在齿轮箱分配器前部的进油口上，在对开法兰接口处加O形圈，螺栓对称紧固。润滑胶管Ⅰ的另一端（带螺母）和散热器的出油口连接，**注意**：检查密封圈。

（5）润滑胶管Ⅱ（散热器—过滤器）的安装。用螺钉和对开法兰将润滑胶管

Ⅱ的一端固定在过滤器左侧的出油口上，在对开法兰接口处加O形圈，螺栓对称紧固。另一端和散热器的进油口连接。**注意**：检查密封圈。

（6）润滑胶管Ⅲ（分配器-过滤器）的安装。用螺钉和对开法兰将润滑胶管Ⅲ的90°接头固定在过滤器右侧的出油口上，在对开法兰接口处加O形圈，螺栓对称紧固。用螺钉和对开法兰将润滑胶管Ⅲ的直接头固定在齿轮箱分配器左侧的进油口上，在对开法兰接口处加O形圈，螺栓对称紧固。

（7）放气管（过滤器-齿轮箱）的安装。拆下齿轮箱堵头，先将对丝固定在齿轮箱上，再将放气管固定在对丝上，放气管的另一端固定在过滤器的顶部，用捆扎带将放气管与润滑胶管Ⅲ捆在一起。

（8）润滑胶管的固定。用捆扎带将润滑胶管Ⅰ和润滑胶管Ⅱ捆在一起、润滑胶管Ⅱ和润滑胶管Ⅲ捆在一起。**注意**：润滑胶管不得与金属零部件干涉，见图9-9。

图9-9 安装完成的散热器及油管

（9）齿轮箱加油。用专用加油泵往齿轮箱加注规定的润滑油。加油量为齿轮箱厂家指定的齿轮油体积。齿轮箱加注完润滑油后做拖动试验，拖动试验时动态油位不得低于报警油位（正向拖动时顶舱控制柜的齿轮油位信号灯亮为油位正常），若动态油位低于报警油位，则再加注适量的润滑油。拖动试验完成后，齿轮箱静态油位为规定高度，不得高于规定高度。**注意**：油位的测量是以油位计的下部固定螺栓中心为基准，见图9-10。

（10）后处理。橡胶油管的金属连接部分要刷防锈油。

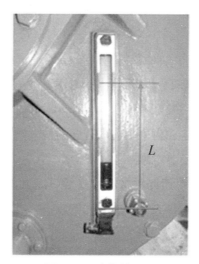

图 9-10　齿轮箱油位

第二节　直驱风力发电机组的冷却系统

一、冷却系统结构

直驱发电机冷却系统为闭式主动冷却系统，冷却发电机的空气来自机舱内部。机舱外部空气不进入发电机冷却系统。这样可以保证冷却发电机的空气相对比较洁净，有利于发电机可靠运行。

冷却系统整体由换热器单元、通风软管和通风附件等组成。换热器单元和通风软管在机舱中的布局位置，见图 9-11 和图 9-12。

换热器单元由换热器芯体、离心风机和钣金风道组成。冷却发电机的循环风路称为内循环风路。与机舱外部空气联通，用来冷却内循环热空气的风路称为外循环风路。换热器单元详图，见图 9-13 和图 9-14。

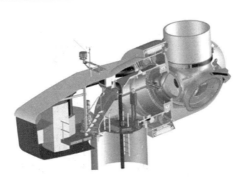

图 9-11　冷却系统在机舱内的布局（1）

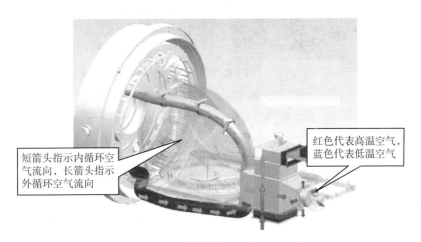

短箭头指示内循环空气流向，长箭头指示外循环空气流向

红色代表高温空气，蓝色代表低温空气

图 9-12　冷却系统通风软管布局（2）

图 9-13　换热器单元

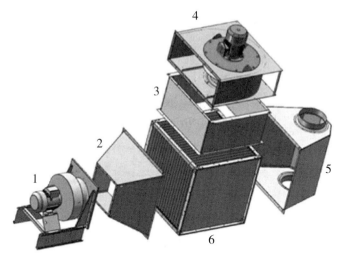

图 9-14　换热器单元爆炸图

1- 内循环风机；2- 内循环出风道组件；3- 外循环出风道组件；

4- 外循环风机；5- 内循环进风道组件；6- 换热器芯体。

二、冷却系统的工作原理

（1）内循环风路。机舱内的空气在内循环风机驱动下由发电机上的冷却进风口进入发电机内部。冷却发电机绕组后被加热的空气经发电机上的出风口排出，经通风软管进入换热器单元，在换热器芯体中被冷却。被冷却后的空气直接排放到机舱中，再次进入发电机对其进行循环冷却。

（2）外循环风路。机舱外的低温空气在外循环风机的驱动下进入换热器芯体，在换热器芯体中通过热量交换，带走内循环高温空气的热量，从而冷却内循环空气。温度升高后的外循环空气通过离心风机排至机舱外部。

发电机沿圆周方向开有冷却进风口，冷却出风口有 4 个，发电机定子绕组上设计有径向通风道，冷却空气进入发电机内部后，流经气隙和定子上的径向通风道，从而对磁钢和定子起到良好的冷却效果，见图 9-15。

图 9-15　发电机上的冷却进出风口

 复习思考题

1. 简述双馈机组加热和冷却的原理。

2. 简述双馈机组加热和冷却系统的零部件。

3. 简述直驱发电机的散热系统原理。

4. 简述直驱发电机冷风机的结构。

参考文献

[1] 何七荣. 机械制造工艺与工装[M]. 北京:高等教育出版社,2011.

[2] 徐兵. 机械装配技术[M]. 北京:中国轻工业出版社,2005.

[3] 任清晨. 风力发电机组生产及加工工艺[M]. 北京:机械工业出版社,2010.

[4] 王亚荣. 风力发电与机组系统[M]. 北京:化学工业出版社,2013.

[5] 杨校生. 风力发电技术与风电场工程[M]. 北京:化学工业出版社,2012.

[6] 姚兴佳,田德. 风力发电机组设计与制造[M]. 北京:机械工业出版社,2012.

[7] 王建录,郭慧文,吴雪霞. 风力机械技术标准精[M]. 北京:化学工业出版社,2010.